アグロエコロジーへの転換と自治体

生態系と調和した持続可能な農と食の可能性

編著 関根佳恵・関　耕平

自治体研究社

はしがき

　今日、私たちは食料危機、気候変動、生物多様性の喪失、農業・農村地域での急速な人口減少や高齢化、経済的停滞、格差拡大、感染症、および戦争等の多重危機に直面しています。地球上では、人口約80億人のうち約9億人（11・3％）が深刻な食料不安に直面しているにもかかわらず（FAO et al. 2023）、食料の31％が廃棄されています（FAO 2019; UNEP 2021）。また、世界の食料システムは温室効果ガスの21～37％を排出しており（IPCC 2019）、農業は森林破壊の要因の約80％、陸上の移動生物種の80％近くに対する脅威となっていることから（IPBES 2019）、その抜本的な方向転換が急務となっています。人びとの経済格差は拡大しており、人口の上位10％が世界の富の76％を所有しています（Chancel et al. 2022）。２０２０年以降の新型コロナウイルスのパンデミックや２０２２年以降のロシアとウクライナの戦争を経験した私たちは、現代社会、ひいては文明のあり方を問い直す必要に迫られています。

　その中で、食料・農業・農村は、これらの人類史的課題の影響を受けると同時に、これらの課題を解決し、持続可能で公正な社会へ移行するためのカギだとされています。ここでいう持続可能性とは、「環境保全、回復力ある経済、社会的福利、よき統治の４つが達成され、将来にわたって継続

表0－1　持続可能で公正な社会の実現における農業の役割

	農業の役割	持続可能な開発目標（SDGs）の17の大目標
1	食料生産	貧困をなくそう（G1），飢餓をゼロに（G2）
2	気候変動対策	気候変動に具体的対策を（G13），海の豊かさを守ろう（G14），陸の豊かさも守ろう（G15）
3	資源エネルギー効率性向上	エネルギーをみんなに，そしてクリーンに（G7），産業と技術革新の基盤をつくろう（G9），つくる責任，つかう責任（G12）
4	社会の安定化	質の高い教育をみんなに（G4），ジェンダー平等を実現しよう（G5），安全な水とトイレを世界中に（G6），働きがいも経済成長も（G8），人や国の不平等をなくそう（G10），住み続けられるまちづくりを（G11），平和と公正をすべての人に（G16），パートナーシップで目標を達成しよう（G17）
5	健康的な生活への貢献	全ての人に健康と福祉を（G3）
6	自然に即した生き方	全ての大目標（G1-17）

出所：関根（2020）をもとに筆者作成。

的に活動を営むことができること」を指しています（FAO 2013）。環境、社会、経済、統治の持続可能性が重視される新たな価値規範が、国際的な潮流になりつつあるといえるでしょう。

持続可能で公正な社会の実現において、農業はどのような役割を果たすことを社会から要請されているのでしょうか。**表0－1**は、農業の役割を持続可能な開発目標（SDGs）の17の大目標との関係で整理したものです。農業は、食料生産を通じて貧困・飢餓の撲滅に貢献できるだけでなく、その実践を見直すことで気候変動対策や資源エネルギー効率性の向上につながります。さらに、社会の安定化や健康的な生活への貢献、ひいては、人類が自然や生態系と調和した生き方を取り戻すためにも、農業のあり方を見直す必要があります。

国際社会は、市民社会と連携しながら、持続可能な農と食のあり方としてアグロエコロジーへの転換を推奨しています（本書第2章参照）。アグロエコロジーとは、農業の営みを生態系の物質循環のなかに位置づけて、生態系を維持・発展するような農と食のシステムに関する科学であり、実践であり、社会運動であると定義されています（Gliessman 2015; Rosset and Altieri 2017）。自治体は、地域でアグロエコロジーへの転換を推進する上で重要な役割を担っているだけでなく、アグロエコロジーへの転換を進めることで地域コミュニティの持続可能性を展望することができます。本書では、国際動向と地域の実践の両面から、日本の自治体にとって参考となる情報や視角を共有することを目的に編まれました。新しい農と食の提案と実践が各地で芽吹き、またこれまでの各地の営みと結びつきながら、地域コミュニティと地球を再生することを心から願います。

２０２４年６月17日

金鯱を臨むキャンパスにおいて

編者を代表して　関根佳恵

参考文献

・Chancel, L., T. Piketty, E. Saez, G. Zucman, et al. (2022) *World Inequality Report 2022*, World Inequality Lab.

・FAO (2013) *SAFA Indicators*. Rome: FAO.

- FAO (2019) *The State of Food and Agriculture 2019. Moving Forward on Food Loss and Waste Reduction*. Rome: FAO. License: CC BY-NC-SA 3.0 IGO.
- FAO, IFAD, UNICEF, WFP and WHO (2023) *The State of Food Security and Nutrition in the World 2023: Urbanization, Agrifood Systems Transformation and Healthy Diets Across the Rural — Urban Continuum*. Rome: FAO. https://doi.org/10.4060/cc3017en.
- Gliessman S. R. (2015) *Agroecology: The Ecology of Sustainable Food Systems*, Third Edition. Boca Ratan: Taylor and Francis Group.（スティーヴン・グリースマン著（２０２３）『アグロエコロジー―持続可能なフードシステムの生態学―』（村本穣司・日鷹一雅・宮浦理恵監訳、アグロエコロジー翻訳グループ訳）農文協）.
- IPBES (2019) *Global Assessment Report on Biodiversity and Ecosystem Services of the Intergovernmental Science-Policy Platform on Biodiversity and Ecosystem Services*. Brondízio, E. S., Settele, J., Díaz, S., Ngo, H. T. (eds). IPBES secretariat, Bonn: Zenodo https://doi.org/10.5281/zenodo.6417333.
- IPCC (2019) *Climate Change and Land: an IPCC Special Report on Climate Change, Desertification, Land Degradation, Sustainable Land Management, Food Security, and Greenhouse Gas Fluxes in Terrestrial Ecosystems*. New York: Cambridge University Press. https://doi.org/10.1017/9781009157988.
- Rosset P. and M. Altieri (2017) Agroecology: Science and Politics. Halifax: Fernwood Publishing（ピーター・ロセット，ミゲル・アルティエリ（２０２０）『アグロエコロジー入門―理論・実践・政治―』（受田宏之監訳、受田千穂訳）明石書店）.
- 関根佳恵（２０２０）「持続可能な社会に資する農業経営体とその多面的価値―２０４０年にむけたシナリオ・プランニングの試み―」『農業経済研究』92（３）：２３８－２５２頁。
- UNEP (2021) *Food Waste Index Report 2021*. Nairobi: UNEP.

目次

アグロエコロジーへの転換と自治体
―生態系と調和した持続可能な農と食の可能性―

第2章　アグロエコロジーをめぐる国際的潮流

第4章　酪農が直面する課題と未来
―食の民主主義を展望する―　121

第6章　アグロエコロジーの実践を地域から
—島根県の事例をもとに—　173

第1章　気候危機克服とアグロエコロジーへの転換

——「生態系といのちの営み」に寄りそう社会を足もとから——

1　はじめに

本書のキーワードはアグロエコロジーです。アグロエコロジーを端的にいうならば、「生態系を活用した持続可能な農業」という農業の本来あるべき姿のこと、と表現できるでしょう（本書第2章参照）。しかし、すでに本書のはしがきで述べられているように、アグロエコロジーは農業の方法（農法）に限定されるものではなく、現在の社会のあり方を、持続可能性や生態系という視点から根本的に問う概念でもあります。

そこで本章では、気候危機を招いている現在の社会のあり方と対比しながら、「『生態系といのちの営み』に寄りそう社会」について考え、アグロエコロジーが指し示す社会とその方向性について述べたいと思います。さらに、こうした社会を足もとから構築していくための方策について、本書全体の構成との関わりで示してみたいと思います。

2　地球温暖化から気候変動、気候危機、地球沸騰化へ

最近、あまり「地球温暖化」という言葉を耳にしなくなったと思いませんか。それに代わって「気候変動（climate change）」あるいは「気候危機（climate crisis）」が用いられるようになっています。実際に私たちが目にしている現実―パキスタンやバングラデシュで国土の三分の一が浸水した大水害など―は、たんに「温暖化」というよりも、豪雨や干ばつといった異常気象の頻発であり、より緊迫感を持った「気候変動」や「気候危機」という表現のほうが、事態を的確に示しているといえます。さらに２０２３年には、グテーレス国連事務総長が「地球温暖化の時代は終わり、地球沸騰化（global boiling）の時代が到来した」と発言し、事態の深刻さを印象付けました。

気候変動への対応策として真っ先に思い浮かぶのは、CO_2の削減といった「緩和策」（mitigation measures）と呼ばれる対策のことでしょう。しかし、事態の深刻化を受け、ここ10年ほどの世界の関心は、人類が地球沸騰化時代に「適応」（adaptation）して生き延びることができるか、という点に移ってきています。実際にＣＯＰ27（国連気候変動枠組条約第27回締約国会議）でも「損失と被害」支援基金（"loss and damage" fund）の設置など、発展途上国における気候変動への「適応」をどう支援するのか、その制度的枠組みが焦点とされました。

さらには、2030年までに根本的な対策がとられなければ、もとの状態に引き返すことができない事態に立ち至るのではないか、人類存亡をめぐる分岐点が目の前に迫っている、という説が科学者の間で合意されつつあります。この深刻な事態を、私たちは改めて認識しなければなりません。無力感にさいなまれている暇はないのです。

以上のように、気候危機は全世界が総力を挙げて取り組むべき課題となっている一方で、2023年にドバイで開かれたCOP28において、日本政府はNGOから「化石賞」を受賞するなど、相変わらず国際的な批判の的となっています。アメリカのNGOの調査報告書によれば、日本が2019年から2021年のあいだに拠出した化石燃料への公的支援は平均で年間約1・6兆円、3年間の総額は約4・8兆円にのぼったといいます。この金額は2位以下を大きく引き離し、世界最大となっています（Oil Change International 2022）。また、国際的には石炭に対する公的資金の提供はほぼなくなるなかで、日本は年間平均1000億円以上を石炭事業に提供しています（Oil Change International et al. 2024）。これらのことが考慮され、日本政府は4年連続で「化石賞」を受賞したのです。

こうした国の政策を転換していく上でも、「地球規模で考えながら、行動は足もとから（Think Globally, Act Locally）」という言葉が示すように、まずは足もとの地域から、どう行動し変えていくのか、いま私たちに問われています。

この問いに対する本書の答えが、アグロエコロジーの実践です。言い換えれば、「生態系といのちの営み」に寄りそう社会を足もとから構築していくことです。

3 「生態系といのちの営み」から社会のあり方を問い直す

（1） 「生態系といのちの営み」に向きあう農業

筆者はここ数年のあいだ、沖縄県北部の伊江島に何度も通っています。かつては島の面積の約半分が米軍基地でしたが、島民による基地返還闘争によって、現在では約35％となっています。営農による収入よりもはるかに高い軍用地料が支払われるため、営農意欲がそがれているといいます。そのため島では耕作放棄地が増え、こうした農地が島外の人々のあいだで高値で取引されることも珍しくありません。この事態を打開しようと、島の農民たちは軍用地料収入を上回る収益を実現できるように、農業・畜産業の高付加価値化を目指して日々奮闘しているのです。

写真1－1　サトウキビ専用の鎌を手に持つ玉城増生さん

出所：筆者撮影。

筆者は島を訪れるたびに、伊江村の農業委員会会長も務めた玉城増《たましろます》生《お》さん（**写真1－1**）にお話を伺います。いつも直前にバタバタと日程を調整して会いに行くのですが、ある時、連絡がうまくつかなかったので、

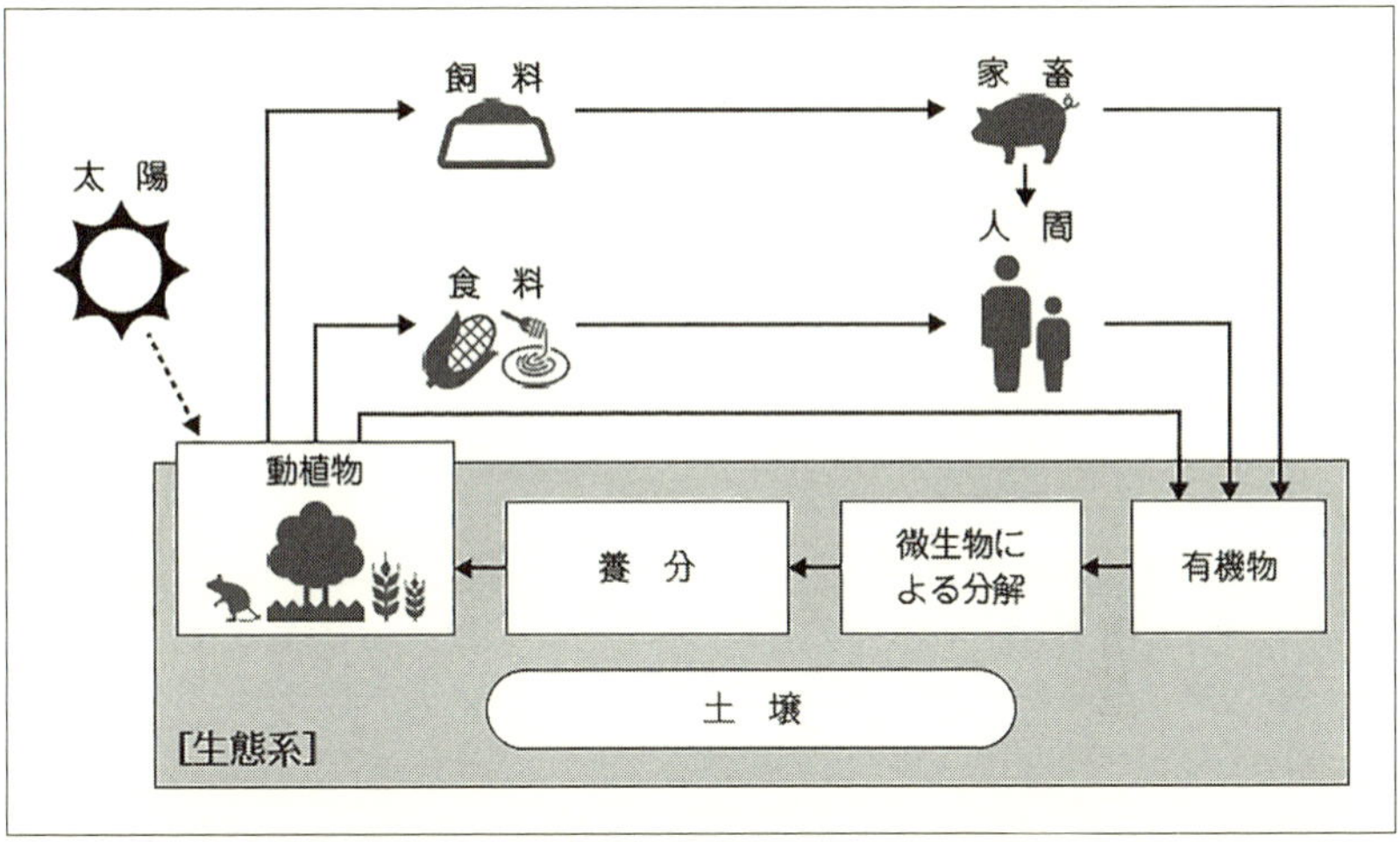

図1－1　「生態系といのちの営み」の全体像

出所：八木・関（2019）75頁を一部修正。

玉城さんのサトウキビ畑を訪ねてみると、施肥や苗の植え付け作業の真っ最中でした。「明日から雨が降るから、その前に終えておかないと」といわれ、はっとしたことを今でも鮮明に覚えています。農家にとって、あるいは農業の専門家にとっては当たり前のことかもしれませんが、農作業は季節や天候に応じて多種多様であり、雨が降る前に終えておかなければならない農作業というものがあるのです。

工業の場合、原材料を加工して製品ができるまでの生産は、すべて人間と機械によって行われるため、予定通りの管理が可能です。それに対して農業の場合は、天候に左右されながら、自然そのもの、そして「生態系といのちの営み」と向き合うことで生産が成り立つわけですから、工業のように人間の思うまま、予定通りに管理することはできないのです。つまり、土壌をはじめとした自然生態系全体の営み、さらにそのなかで繰り返される微生物・動植物のいのちの営み（＝「生態系といのちの営み」：図1－1）をその基盤として、つねに向きあい続ける営為こそが、農業なのです。

（2）成長の追求と工業的農業がもたらしたもの

農業と工業の違いについて、農民作家の山下惣一さんは以下のような印象的な言葉を残しています。

「自然を相手にする農業は成長してはいけない。去年のように今年があり、今年のように来年があるのが一番いい。私たちはこれを安定といい、経済学者は停滞という。…農業と工業は原理が違う。…工業は競争による優勝劣敗の構図だが、農業は自然との調和と支え合い」（朝日新聞2013年5月16日付朝刊）。

すなわち、「自然との調和と支え合い」である農業は、生態系を基盤とするからこそ「安定」する、工業のように「成長」＝量的拡大を追求してしまえば、基盤ともいえる生態系を脅かすことになりかねないと警鐘を鳴らしているのです。

成長（＝量的拡大）しない（してはいけない）農業を、「停滞」とみなしてきたのは経済学者だけではありません。日本の農業・農村政策もまた、農地集積や規模拡大による効率化などを掲げて、「停滞」の打破を求めてきました。具体的には、関税が引き下げられても外国からの安い輸入農作物と互角に競争でき、さらには輸出もできるような「国際競争力ある農業」や「稼げる農業」がスローガンに掲られました。その実現に向けて、生産性を高め、効率化をしていくと称して、大規模な農業経営に有利なかたちで補助金を配分するという政策がとられたのです。一方で、国内の農家の大多数を占める、小規模な家族経営の農家への支援は不十分なものでした。

このように稼ぐことや成長が求められたことで、「生態系といのちの営み」を基盤とする農業は大きく変容し、深刻な結果がもたらされました。例えば、私たちが口にする鶏肉は飼育期間40〜50日で出荷されるブロイラーがほとんどですが、秋田県産の比内地鶏には１００〜１５０日かけて平飼いで育てるという飼育基準があります。比内地鶏が特別なのではありません。ひたすら抗生物質や餌を与え続け、できるだけ早く出荷して少しでも多くの利潤を生みだそうという、ブロイラーのような工業的な家畜生産の方が問題といえるでしょう。稼ぐことや成長を重視するあまり、「生態系といのちの営み」からみるとかなり不自然なブロイラー生産が広く普及しているのです。

「生態系といのちの営み」を無視した家畜生産は、抗生物質を多用したことで生まれた耐性菌や家畜伝染病（鳥インフルエンザなど）の蔓延といった、やっかいな問題に直面しています。また、大量の農薬と化学肥料を消費する工業的農業は、石油・天然ガスの浪費にもつながっています。以上のように「生態系といのちの営み」を軽視した工業的農業の拡大は、生態系の破壊や気候危機をより深刻化させるものといえるでしょう。アグロエコロジーは、こうした工業的農業からの転換を意味するものです。

（3）ウッドショックによって示された「経済的価値」と「使用価値」の矛盾

２０２１年から、世界的に木材価格が急騰しました。コロナ禍のもとアメリカや中国における住宅需要が高まり、日本国内でも住宅価格や木材価格が上昇し、住宅関連産業のみならず、私たちの生活にも大きく影響が及んでいます。このことはウッドショックと呼ばれ、ご存じの方も多いでしょう。

しかし、よくよく国内の状況に目を凝らすと、このウッドショックは不思議な現象だといえます。日本の森林面積は約２５００万haで日本の国土の66％、実に三分の二は森林です。つまり、森林の荒廃が進んでいるとはいえ、木材生産に適した多くの人工林を抱えているにもかかわらず、いま日本は木材不足と価格高騰にあえいでいるのです。

国内の豊富な森林資源を活用できない背景には、国内の木材関連産業が外材に大きく依存してしまったことがあります。海外の森林を破壊し、さらに大量のエネルギーを浪費しながら外材を輸入する政策を長年にわたって続けたことで、国内の林業が衰退し、その結果として森林資源を活用できずにいるのです。

多くのエネルギーを費やしてはるか遠くの外国から木材を運ぶよりも、日本国内の森林を適正に管理・利用することのほうが、気候危機の克服に向けた有効な対策となります。つまり、人間にとっての有用性や環境保全に役立つという「使用価値」の面でみれば、どう考えても日本国内の森林資源を活用した方が合理的です。しかし、「経済的価値」（＝価格）でみれば、外材の輸入のほうが安上がりで利潤を生むことから、海外での大規模な森林破壊や、エネルギー浪費を伴う木材輸入が継続されてきたのです。

以上のように、ウッドショックが私たちに問うているのは、「経済的価値」に過度に振り回され、気候危機の克服や環境保全、社会にとっての有用性といった「使用価値」を置き去りにしてしまう現在の社会のありかたそのものです。

(4) コロナ禍によって明らかになった「使用価値」の大切さ

コロナ禍もまた、「経済的価値」に振り回される社会のあり方に反省を迫るきっかけとなりました。例えば、コロナ禍において「エッセンシャル・ワーク」という言葉が人々の間で広まりました。エッセンシャル（essential）とは、必要不可欠な、という意味で、エッセンシャル・ワークとは人々が生活していくために必要不可欠な労働、例えば、医療・介護、保育、教育などの社会サービス、食料生産や運輸・物流、電気・ガス・水道・通信などのインフラ関連、ほかにも交通・警察・消防をはじめとした分野の労働のことを指します。

こうしたエッセンシャル・ワークが私たちの生活を根底から支えてきたにもかかわらず、はたしてそれに見合った「経済的価値」（＝価格）づけがされてきたといえるのかという疑問が、コロナ禍以降に広がったのです。食料生産を担う農業や運輸部門などが典型ですが、低賃金のまま顧みられてこなかった労働の社会的有用性、言い換えれば「使用価値」の重要性を、コロナ禍があぶりだしたのです。

このように「経済的価値」に振り回される社会から、「使用価値」を重視する社会へと転換していくきざしがみられます。アグロエコロジーは、こうした社会転換のための重要なキーワードです。

(5) 農業・農山村の多面的機能とその保全に向けて

田植え前の水田には、新緑の山々や空、集落の家々が映り込み、実に美しい農山村風景が広がります(写真1－2)。こうした水田はたくさんの水を湛えており、自然のダムとも呼ばれます。つまり、水田のおかげで、雨が降っても一度に水が流れ出すことなく蓄えられ、洪水防止の役割も果たしているのです。森林も同様に、木が根を張ることで土砂崩れを防いでいます。しかも、水田や森林がこうした機能を発揮するためには、農林業による適切な管理が不可欠です。また、この機能をすべて治水ダムに置き換えたならば、建設費に換算して3・5兆円相当にのぼる、ともいわれます(日本学術会議2001)。

国土交通省(2023)によると、日本の面積全体のうち農用地が11・7%、森林・原野等が67・1%、合わせるとじつに8割近くにも及びます。また、過疎地の居住人口は全人口の9・3%に過ぎないものの、面積でいえば国土の63%を占めています(総務省2024)。このように農山村は人口が少なくとも、広大な国土の保全にたいして重要な役割を果たしてきたといってよいでしょう。

いきもののすみかになることで、生物多様性の保全に貢献していることもまた、農山村が持つ重要

写真1－2　島根県飯南町の田植え直前の風景

出所：俵恵太さん撮影。

な機能です。日本は世界的にみても有数の両生類やトンボの種類の多様さを誇ります。これを支えてきたのが集落の近くにある水田やため池です。ここが湿地を好むカエルやトンボの住みかになり、さらには野鳥などの動物の餌となって豊かな生態系をつくりだしているのです（竹内ほか2001）。しかし、化学肥料や農薬を多用する工業的農業の普及によって、こうした生物多様性の保全機能は低下してきました。

近年の農山村の疲弊や耕作放棄地の急増によって、国土保全や生物多様性保全といった多面的機能が大きく損なわれつつあります。最近になって頻発する水害や土砂災害の背景には、気候変動の影響のみならず、農山村の荒廃による国土保全機能の低下があるのです。

以上のように、長年にわたって農業および農山村を軽視し、切り捨ててきた日本社会の深刻なツケが顕在化しています。持続可能な農山村を維持・発展させるための政策転換がいま切実に求められています。そして、こうした政策転換を求める運動もまたアグロエコロジーの一環と位置付けることができるのです。

4 「生態系といのちの営み」に寄りそう社会を足もとから

これまで述べてきたように、気候危機を克服するうえで、「生態系といのちの営み」という視点から、言い換えればアグロエコロジーの観点から、現在の社会のあり方を問い直していくことが求められています。工業的農業を転換し、「生態系といのちの営み」を基盤とする農業を確立すること、「経済的価値」に過度に振り回され、環境保全や社会にとっての有用性といった「使用価値」を置き去りにしてしまう現在の社会のあり方を変えること、農業・農山村が持つ多面的機能を評価し、持続可能な農山村のための政策を実現すること、これらはすべて、本書が掲げているアグロエコロジーの概念とかかわるものです。

本章の最後に、「生態系といのちの営み」に寄りそう社会を足もとの地域から積み上げ、気候危機を克服していくための方策について、本書の内容と構成を念頭に考えてみたいと思います。

（1）農業・農村政策の転換を

農業・農山村の基本的な機能である食料生産機能は、危機的な状態にあります。この点については、**第3章**を参照してください。食料生産機能の回復のために、長年にわたる農業・農山村の軽視・切り捨て政策をやめ、持続可能な農山村を維持・発展させるための政策転換が求められています。そのためにはまず何よりも、農産物価格保障や所得補償によって農家を下支えし、農山村の発展の基礎条件を整えることが必要です（**第3章**）。にもかかわらず、農林水産関係予算の総額は、2000年の3・4兆円から、2024年度には2・3兆円弱へと落ち込んでおり、ますます厳しい状況に追い込まれています。

食料を生産する以外にも、農業・農山村は国土保全や生物多様性保全といった多面的機能を有しています。これらの機能についても高く評価し、社会全体で支えていく必要があります。このことに対応して、2015年から日本型直接支払が法律に規定された制度となり、①水路の泥上げなどの地域の共同活動を支援する「多面的機能支払」、②条件不利地の営農を支援する「中山間地域等直接支払」、③「環境保全型農業直接支払」が実施されてきました。しかし、2024年度の予算は、この3つを合わせても773億円にすぎず、環境保全型農業直接支払交付金については、わずか26・4億円しか充てられていません。農林水産関係予算全体の約2・3兆円からすれば、ほんの微々たる額です。こうした農業・農村政策を大胆に転換していくことが喫緊の課題となっています。

国の農業・農村政策の転換はいかにあるべきでしょうか。この疑問に応えるべく**第2章**では、アグロエコロジーの理念と歴史、そして各国の最新状況について紹介し、アグロエコロジーへの転換を強力に後押ししている世界の農業政策のトレンドを描き出します。今後の日本の農業・農村政策の転換の方向性を指し示す大事な章です。

日本の農業・農村政策のこれまでの推移、現状と問題点、その転換の必要性について具体的に論じているのが**第3章**です。とくに直近の食料・農業・農村基本法改定をめぐって、その問題点を詳細に分析し、現在の政策をめぐる対抗軸が示されています。日本におけるアグロエコロジーの実践を後押しする農業・農村政策のあるべき姿を具体的に見通すことができます。

酪農は、大規模経営を推奨する政策や購入飼料への依存などによって、日本の第一次産業のなかでも工業的な性格が強められてきた分野といえるでしょう。**第4章**は、深刻な危機に陥っている酪農の現状と、その背景にある酪農政策の問題点を指摘しつつ、酪農政策のアグロエコロジー的転換の必要性、さらには酪農家への所得補償制度の導入といった具体的な政策のあり方を提起しています。

(2) 自治体政策に何が求められているのか

一口に農業といっても、気候や風土といった地域の条件によって多種多様であり、全国各地にそれぞれ個性があります。こうした地域農業の多様な実情を踏まえてきめ細かに支えることが必要であり、その担い手は地方自治体でなければなりません。本書はアグロエコロジーの実践を支え、後押ししていく自治体政策のあるべき姿についても描き出しています。

第6章では、契約栽培農家から有機農産物を買い入れ、それを加工した商品の高付加価値化によって地域農業を支えている第三セクターの活動や、地域の小学校と協力しながら環境教育の取り組みを進める東京都町田市の事例（コラム）が示されます。

アニマルウェルフェアなどを重視した、オルタナティブな酪農にたいする支援策を描いているのが、**第8章**です。なかでも新規参入する移住者への自治体による支援策について、北海道・中川町などの事例に基づいて明らかにしています。また**第9章**では、岐阜県白川町で展開しているアグロエコロジーの実践とそれを支えるNPO法人ゆうきハートネットの取り組みが取り上げられています。移住者が地域に根ざして有機農業に取り組むための支援を行ってきたハートネットの活動実態と、こうした活動を白川町役場がしっかりとサポートし、連携・協働している様子がいきいきと描かれています。これら事例は、今後の自治体政策のあるべき姿を構想・実践していく上で、大いに参考になるといってよいでしょう。

本書で描かれている先進的な自治体政策に共通している要素は、農家や酪農家の実情を踏まえ、その意思を尊重しながら、きめ細かな支援を展開している点です。国の政策をそのまま地域におろすのではなく、地域農業の担い手との対話を通じて現場の実情をつぶさに観察し、担い手と連携・協働することが必要とされており、まさに自治体職員の力量が試されています。

実情に合わせたきめ細かな支援という点について、一つ例をあげましょう。アグロエコロジーに基づく営農を開始し、それが安定するまでには、農薬の使用中止にともなう害虫の大量発生などを経て、生態系バランスが回復するための時間が必要であり、実際に収量が安定するまでには3〜5年ほどかかることが多いといいます[*1]（第6章の長谷川さんの事例）。こうした時期における政策対応においては、単年度ごとの硬直的な国の新規就農支援だけでは不十分であり、自治体政策として実態に即した柔軟な支援が求められます。

また、先進的な自治体政策はそれだけで完結するものではなく、国の農業・農村政策の転換をも展望しながら取り組むべきものであることに注意が必要です。本書が示す自治体の先進的な政策はそこで終わりではなく、長期的には、全国どの自治体でも同様の政策が展開できるよう国による財政支援を手厚くし、場合によっては国による、より安定的な制度として定着させるところまでを視野に入れておかねばなりません。

少数の自治体の政策からはじまり、いまや全国各地に広がりつつある子ども医療費無料化や給食費無償化の取り組みは、近い将来、国の制度として定着していくことでしょう。これと同じようなダイナミズムを食と農に関する政策領域においても生み出していくことが必要です。地域からのアグロエコロジーの実践とそれを支える自治体政策は、こうしたダイナミズムの出発点として位置付けなくてはならないのです。

（3） 有機給食で地域の農業を支える―地域自給の拡大と公共調達―

アグロエコロジーへの転換を後押しする政策として不可欠なのが、学校給食などの公共調達です。2023年6月、「オーガニック（有機）給食を全国に実現する議員連盟」が超党派の国会議員によって設立されました。給食で使う食材を同じ地域内から調達し、地場産化すること、さらに、安心・安全にこだわった地元の有機農産物を、給食の食材としてしっかりと買い支えていくための公共調達が求められています。

国はもとより、地域ごとに食料自給を追求することは、環境的にも経済的にも重要です。例えば、私たちが普段何気なく食べているアボカドは、メキシコなどの南米で膨大な水を浪費し、環境を破壊しながらつくられています（斎藤2020）。さらに、膨大な燃料・エネルギーを浪費して日本へと運ばれて消費されています。このことから、最低でも国産、できれば地場産の食材にこだわって地域ごとに食料自給率を高めていくことは、地球環境保全や気候危機克服の観点からも大きな意義を持っているのです。

また、海外の農産物を買い続けることは、私たちの貴重なお金がその代金として国外へ流出し、世界的なアグリビジネスをもうけさせることを意味します。給食食材の調達先を地元産に切り替えることは、資金を地域へと還流させ農家を支えるとともに、こうした資金が地域内をめぐることで地域経済全体の再生へとつながるのです。そして何よりも、子どもたちにどんなものを食べさせたいか、という視点で考えれば、地元の安心・安全な有機農産物を給食で使ってほしいというのは当然

図1－2　訪問と交流からはじまる参加型認証
出所：農民運動全国連合会（2023）25頁を一部修正。

の要求でしょう。

地域で有機給食に取り組む際に問題になるのは、つくり手がなかなか見つからず有機農産物の確保がままならないこと、綿密な献立表に対応した計画的な食材確保が困難なこと、給食費の値上がりにつながるのではないかという懸念などが挙げられます。こうした課題をどのように乗り超えるのか。**第5章**は、フランスにおける公共調達の詳細な分析から、これらの疑問に答えています。さらにフランスにおいては自治体政策にとどまらず、中央政府も重要な役割を果たしてきたことが指摘されています。有機給食と公共調達についても、自治体政策を起点としつつ、国の農業・農村政策のアグロエコロジー的転換を展望しながら取り組むべきである点を、改めて強調しておきたいと思います。

また、**第9章**は、農家と給食センターの栄養教諭との対話から有機給食が拡大していった岐阜県白川町の事例が示されています。有機給食に取り組もうとする際に、「わが町には認証農家が少なくて難しい」とため息をつく方がいますが、そもそも学校給食で有機農産物を使用する場合、有機JAS認定は必要ありません。まずは地域の農家との対話から始め、消費者と生産者が相互訪問・交流することを出発点とした「参加型認証」によって、お互いの納得と合意のもとで食料生産を行っていくことが大切です（図1－2）。

（4）多様な担い手の連携・協働―アグロエコロジーへの転換に向けて―

アグロエコロジーの担い手は着実に増え、多様化しています。第7章では、これまで必ずしも有機農業に対して積極的ではなかったＪＡにおいても多くの取り組み事例が生まれ、生活協同組合と連携しながら展開していることが紹介されています。

本書が取り上げた様々な事例で示されている通り、アグロエコロジーの実践は、農家だけで完結するものではありません。自治体、ＮＰＯ、消費者および消費者団体、ＪＡ、学校給食や教育の関係者、児童・生徒、ひいては住民・市民全体がその担い手であり、それぞれの連携・協働が不可欠です。

誰もがかかわる「食」という視点からつながり、農家や自治体が核となりながらも、多様な主体が連携・協働していく動きが各地で生まれているのです。このことは、第4章および第5章で述べた、全ての市民が、自らの選択に基づき、健康的で人間らしく持続可能な食生活を実現するという「食の民主主義」を足もとの地域から構築する動き、と言い換えてもよいでしょう。

食料・農業・農村基本法改定をきっかけに、これまでの日本の農業・農村政策に対する批判的な世論と、食にたいする危機感が急速に高まっています（第3章）。将来世代の食と農を守るための連携と協働を足もとの地域から構築し、アグロエコロジーへの転換を実現していくことが、いま求められています。

注

1　近年では、ＪＡ東とくしまの取り組み事例のように、転換初年度から慣行栽培を上回る収量を得られる有機農法が注目されています（ＮＨＫクローズアップ現代のウェブサイトより　https://www.nhk.or.jp/gendai/articles/4816/）（２０２４年６月16日参照）。

参考文献

・国土交通省（２０２３）『土地所有・利用概況調査報告書（２０２２年度版）』（https://www.mlit.go.jp/totikensangyo/content/001566452.pdf）（２０２４年６月16日参照）。
・日本学術会議（２００１）「地球環境・人間生活にかかわる農業及び森林の多面的機能の評価について（答申）」（https://www.scj.go.jp/ja/info/kohyo/pdf/shimon-18-1.pdf）（２０２４年６月16日参照）。
・農民運動全国連合会（２０２３）『農民連 アグロエコロジー宣言（案）』農民運動全国連合会。
・Oil Change International and Friends of the Earth U.S. (2024) *Public Enemies: Assessing MDB and G20 international finance institutions'* energy finance.（https://priceofoil.org/2024/04/09/public-enemies-assessing-mdb-and-g20-international-finance-institutions-energy-finance/）（２０２４年６月16日参照）。
・Oil Change International (2022) *Japan's Dirty Secret: World's top fossil fuel financier is fueling climate chaos and undermining energy security.*（https://priceofoil.org/2022/11/08/japans-dirty-secret/）（２０２４年６月16日参照）。
・斎藤幸平（２０２０）『人新世の「資本論」』集英社新書。

・総務省（２０２４）『過疎対策の現況（令和４年度版）』総務省。
・竹内和彦・鷲谷いずみ・常川篤史（２００１）『里山の環境学』東京大学出版会。
・八木信一・関耕平（２０１９）『地域から考える環境と経済―アクティブな環境経済学入門―』有斐閣。

第2章　アグロエコロジーをめぐる国際的潮流

―国連、市民社会、欧米の動向と日本への示唆―

1　はじめに

人類が気候危機をはじめとする多重危機に直面するなか、国連では持続可能な開発目標（SDGs）やパリ協定が採択され（2015年）、加盟国は具体的な取り組みを求められています。特に、食料・農林水産業の分野は、エネルギー、資材、輸送の各分野と比較して、最大のCO_2削減効果が見込まれる重要分野に位置付けられています（ホーケン2020）。そのため、近年になって食や農林水産業に関係する国連のキャンペーンが相次いで打ち出されています。例えば、「生物多様性の10年」（2011～20年）、「土壌の10年」（2015～24年）、「家族農業の10年」（2019～28年）、「生態系回復の10年」（2021～30年）等であり、これらはいずれも既存の生産様式や開発モデルを再考し、新たなアプローチを実施することを推奨しています。

こうした流れのなかで、持続可能な農と食のあり方の代名詞となっているのがアグロエコロジーです。２０２４年1月7日付の日本農業新聞の論説は、２０２４年を日本における「アグロエコロジー元年」とすることを呼びかけました（日本農業新聞、２０２４年1月7日付）。国際的には15年以上前から推進されているアグロエコロジーが、日本各地のこれまでの実践と結びつき、豊かに拡がっていくために、本章では国際的潮流から学びます。

2　アグロエコロジー――定義、歴史、有機農業との比較――

（1）　アグロエコロジーの定義

アグロエコロジーは直訳すれば「農業生態学」ですが、一学問分野にとどまるものではありません。「農業生態系の働きを研究し説明しようとする科学」であり、「農業をより持続可能なものにしようとする一連の実践」であり、また同時に「農業を生態学的に持続可能で社会的により公正なものにすることを追求する運動」でもあると定義されています（Rosset and Altieri 2017）。すなわち、農業の営みを生態系の物質循環の中に位置付けて、生態系を維持・発展するような農と食のシステムがアグロエコロジーです。アグロエコロジーは、化学農薬・化学肥料、遺伝子操作された作物を用いない有機農業や自然農法と技術的に重なる部分があります。しかし、国連食糧農業機関（ＦＡＯ）が世界の科学者や市民社会団体からの意見をもとに２０１８年に発表した「アグロエコロジー

表2−1　アグロエコロジーの10要素

	10要素	内容
1	多様性	自然資源を保全しつつ食料保障を達成するための鍵である
2	知の共同創造と共有	参加型アプローチをとれば地域の課題を解決できる
3	相乗効果	多様な生態系サービスと農業生産の間の相乗効果を発揮する
4	資源エネルギー効率性	農場外資源への依存を減らす
5	循環	資源循環は経済的・環境的コストの低減になる
6	回復力(レジリエンス)	人間、コミュニティ、生態系システムの回復力を強化する
7	人間と社会の価値	農村の暮らし、公平性、福祉を改善する
8	文化と食の伝統	健康的、多様、文化的な食事を普及する
9	責任ある統治	地域から国家の各段階で責任ある効果的統治メカニズムを実現する
10	循環経済・連帯経済	生産者と消費者を再結合し、包括的・持続的発展を実現する

出所：FAO（2018）より筆者作成。

の10要素」（表2−1）によると、アグロエコロジーは農法にとどまらず、農村の暮らし、公平性、福祉、食文化、責任あるガバナンス、循環型経済や連帯経済等の社会のあり方にも踏み込んでいます。

日本では、有機JAS認証を受けている農地の割合は0・3％と低く、同認証を受けずに有機農業に取り組んでいる農地を合わせても0・6％しかありません（農林水産省2024）。言い換えれば、日本の農地の99・4％では慣行農業や環境保全型農業等の有機農業以外の農業が実施されていることになります。農林水産省（以下、農水省）は、2021年にみどりの食料システム戦略（以下、みどり戦略）を発表し、翌2022年にはみどりの食料システム法を制定しました。一連の政策では、2050

表2－2　アグロエコロジー的転換の5段階

No.	段階	実践例
1	高価で希少、かつ環境負荷の高い投入材の使用量を減らすために、慣行農法の［資源］効率性を高める	農薬散布・施肥・水利用の適正化、精密農業、［環境保全型農業、減農薬・減化学肥料栽培（特別栽培）］
2	慣行農業の投入材および農法を代替的農法に置き換える	化学肥料を堆肥・緑肥に代替、輪作、混作、被覆作物、天敵利用、［代替主義的］有機農業、バイオダイナミック農法、［無農薬・無化学肥料栽培］
3	農場の生態系を再設計し、新たに生態学的過程が機能するようにする（持続可能な農生態系）	農的生物多様性、生態系を考慮した輪作、多毛作、有畜複合、アグロフォレストリー、［生態系と調和した有機農業、自然農法、アニマルウェルフェア］
4	レベル1～3の農業生産者と消費者の直接的関係を再構築し、代替的食料システムのネットワークをつくる（持続可能な新たな関係性：食料シチズンシップ、食の再ローカル化）	［産消提携］、CSA（地域で支える農業）、生活協同組合、ファーマーズマーケット、［直売所、有機給食（無償化）、子ども食堂、フードバンク、フードパントリー、コミュニティ・ガーデン、エディブル・シティ、エディブル・スクール・ヤード］
5	上記3・4を前提として、平等、参加、民主主義、公正性に基づいた持続可能な新たなグローバル食料システムを確立する（地球の生命維持システムを修復・保護するパラダイムシフト）	脱成長社会、循環型社会、食料主権運動、フード・コモンズ、食の公正さ、［食の民主主義、新たな国際食料協定等］

注：［　］内は、日本の読者に分かりやすいように筆者が加筆した。原資料では社会的農業（農福連携）、フードスタンプ（社会保障）、最低賃金の引き上げ、農業生産者の所得保障等への言及はないが、レベル4と5の間に位置づけられると考えられる。
出所：DeLonge et al.（2016）およびGliessman（2015；2016）をもとに筆者作成。

年までに有機農業の面積を100万ha（農地の25％）に引き上げ、化学農薬使用量を5割削減（リスク換算）、化学肥料を3割削減するなどして、農林水産分野から排出される温室効果ガスを実質ゼロにするカーボンニュートラルを実現することを目指しています（農山漁村文化協会2021）。このように、政府が掲げる目標と現実の間には大きなギャップがありますが、慣行農業を有機農業に転換するにはどうすればよいのでしょうか。また、有機農業を農地の25%とすることが最終目標であり、その目標が達成されれば持続可能な食料システムが実現できると考えてよいのでしょうか。

アグロエコロジーでは、慣行農業およびそれを取りまく世界の食料システムを転換するには、5つの段階（レベル）があると考えています（表2－2）。段階1で減農薬・減化学肥料栽培に、段階2で有機農業に移行しますが、アグロエコロジーの最終目標はそこにとどまりません。農薬・化学肥料を生物農薬や有機質肥料・堆肥に代替しただけの「代替主義的有機農業」では、本当の意味で持続可能とはいえないからです。[*1] アグロエコロジーでは、段階3の持続可能な農業生態系への移行を達成し、さらに持続可能な新たな関係性を構築する食の再ローカル化（段階4）、農民が主導する、平等、参加、民主主義、公正性に基づいた世界規模の食料システムへの転換（段階5）までを展望しています。これらの5つの段階はいずれもアグロエコロジーの取り組みですが、それは段階5を目指すという枠組みにおいてアグロエコロジー的営みと呼べるのであり、例えば農薬・化学肥料を少し削減しただけで、単作栽培（モノカルチャー）の農法を続けながら、「アグロエコロジー」と名乗って商業的利益をあげようとする行為は、アグロエコロジーとは呼べないでしょう。

（2）アグロエコロジーの歴史的展開

アグロエコロジーは、1925年に農学者バジル・ベンジンの著作で最初に使用されましたが、そのときは農学として位置づけられていました（表2－3）。その後、1970年代にカリフォルニ

表2-3　アグロエコロジー（AE）の歩みと関連する出来事

年代	世界の主な出来事	日本の主な出来事
1920	農学者ベンジンが農学として提唱	
1930	アメリカ中西部で砂嵐発生	福岡正信が自然農法を開始
1940		有機農業を学ぶ「愛農塾」設立
1950		日本にAEが紹介される、水俣病発生
1970	米国カリフォルニア大学の研究者が中南米でAEを研究	日本有機農業研究会設立 産消提携が興隆
1980	GATTウルグアイ・ラウンド交渉開始	農民運動全国連合会（農民連）設立
1990	国連の地球サミット開催 中南米で農業政策にAE導入 国際農民団体ビア・カンペシーナ設立 WTO設立、GMO商業栽培開始	有機表示ガイドライン策定（農水省） 日米AEワークショップ開催 日本生態学会でAE研究会開始
2000	エセックス大学等のAE国際比較研究 世界食料危機 国連・世銀がAEを支持	有機JAS認証開始 有機農業推進法施行 AEの国際シンポジウム開催
2010	国連「食料への権利」特別報告者、UNCTADがAEへの転換を勧告 FAOと国際農民団体がAE推進で連携の覚書、AE国際会議・地域会議の開催、仏が農業未来法でAE推進、SDGs、パリ協定	農水省にAE研究会設置 日本AE会議発足、京都AE宣言 西日本AE協会設立 AEを推進する市民団体（家族農林漁業プラットフォーム・ジャパン）設立
2020	AEサミット開催 多様な主体のAE関連行事相次ぐ	農民連アグロエコロジー宣言 地域農林経済学会がAE企画を実施

出所：小規模・家族農業ネットワーク・ジャパン編（2019）、Gliessman（2015）を元に筆者が加筆して作成。

ア大学バークレー校のミゲル・アルティエリ教授（当時）らがラテンアメリカの伝統的農業を研究する中で、農法としてのアグロエコロジーが注目されるようになりました。ブラジルやキューバ等のラテンアメリカ諸国では、1990年代から政策にもアグロエコロジーが導入されています。

この頃、新自由主義イデオロギー拡大の下、GATTウルグアイ・ラウンド交渉（198

6～94年）から世界貿易機関（ＷＴＯ）設立（１９９５年）にいたる農産物・食品の貿易自由化路線が決定的になり、また遺伝子組み換え作物（ＧＭＯ）の商業栽培が開始されました。これら一連の農と食のグローバリゼーションや工業化に反対する各国・地域の農民・市民団体は、国際農民団体ビア・カンペシーナ（ＬＶＣ、１９９３年設立）等が掲げる社会運動に結集し、アグロエコロジーや食料主権の実現を求めて国際的に連帯を広げていきました。

この頃はまだ、「アグロエコロジーは環境によくても生産性が低い」「アグロエコロジーで世界を養うことはできない」という見方が農業生産者、研究者、および政治家の間では主流でした。しかし、こうした見方を覆す科学的研究結果が２００６年に示されました。イギリスのエセックス大学のプレティ教授らは、「発展途上国」57か国、２８６の比較研究プロジェクト（１２６万農場、３７００万ha）のデータをもとに、アグロエコロジーの実践によって多様な地域と作目において平均79％も単収が増加したことを発表したのです（Pretty et al. 2006）。さらに、土壌の有機物が増加することで炭素を土壌中に固定することができ、直接・間接の温室効果ガス排出を抑制し、石油等の枯渇性資源からバイオマス等の再生可能エネルギーへの移行を促進したことも発表しています（Pretty 2006）。加えて、労働集約型のアグロエコロジーは地域の雇用創出に貢献したため、人口流出を抑制し、都市に働きに出ていた若者が農村に戻り、コミュニティの生活条件が改善されました。また、プレティ教授は、持続可能な農業を実現し食料問題を克服するために、地域市場や国内市場と結びついた小規模農業を発展させることを提言しています。

その後、プレティ教授らの研究をもとに、２００９年には世界銀行や国連機関、58か国の政府と約４００名の科学者が参加した大型研究プロジェクトの報告書が発表されました（IAASTD 2009）。同報告書は、各国政府や国際機関に対し、農薬・化学肥料に依存した工業的農業の推進から生物多様性と地域コミュニティを重視するアグロエコロジーの推進へ、早急に方向転換することを求めています。国連人権理事会の「食料への権利」特別報告者のシュッター氏も同じく、アグロエコロジーに舵を切ることを訴えました（Schutter 2014）。国連貿易開発会議（ＵＮＣＴＡＤ）も「緑の革命」型の慣行農法、単一栽培（モノカルチャー）、農場外資源への高依存を伴う工業的農業から、持続的で再生可能、かつ生産性が高いアグロエコロジーへ移行する必要性を訴えています（UNCTAD 2013）。国連や国際機関の相次ぐ報告書の発表を受けて、ＦＡＯは２０１４年にアグロエコロジー推進のためにビア・カンペシーナと連携の覚書を交わし、２０１５年以降、世界各地でアグロエコロジーに関するフォーラムを開催しています。世界食料保障委員会（ＣＦＳ）の諮問組織である専門家ハイレベルパネルも、慣行農業を全面的にアグロエコロジーに転換することを勧告しています（HLPE 2019）。

国際的にアグロエコロジー推進と並行して再評価されているのが「小規模・家族農業」です（HLPE 2013）。これは、アグロエコロジーの実践者が家族で小規模な農業を営んでいることと関係しています。国連は、家族農業を「家族が経営する農業、林業、漁業・養殖、牧畜であり、男女の家族労働力を主として用いて実施されるもの」と定義しています（小規模・家族農業ネットワーク・ジャパン２

019)。FAO事務局長（当時）は、2013年に「家族農業以外に持続可能な食料生産のパラダイムに近い存在はない」「家族農業を中心とした政策を実行する必要がある」と述べて小規模・家族農業を高く評価し、国連加盟国に政策的支援を呼びかけました。

日本では、1930年代から自然農法が営まれ、1940年代には有機農業を学ぶ「愛農塾」が設立されました（表2－3）。1970年代には日本有機農業研究会が設立されて産消提携の運動が盛り上がりました。こうした日本の取り組みは世界の有機農業運動やアグロエコロジーにも影響を与えています。しかし、日本では限られた人・組織を除いて「アグロエコロジー」という用語や概念は、一般的にはまだほとんど知られていません。1958年にG・アッチ『農業生態学』が、1994年にJ・ティヴィ『農業生態学』がそれぞれ日本語に翻訳されていますが、いずれも農学書としての性格が強く、一般社会にアグロエコロジーという用語が広まることはありませんでした。

他方で、愛媛大学の日鷹一雅准教授によって、1998年に日米アグロエコロジー・ワークショップが開催され、その後、日本生態学会ではアグロエコロジー研究会が開催されてきました（Gliessman 2015）。カリフォルニア大学サンタクルーズ校で、長年アグロエコロジー研究の第一人者として数多くの後進を育ててきたスティーヴン・グリースマン名誉教授と村本穣司氏（同校の有機農業スペシャリスト）は、このワークショップに招待されています。その後、数多くの日本人研究者らが同校でアグロエコロジーを学び、彼らが中心となってグリースマン名誉教授の著作が2023年に日本語に翻訳されました（Gliessman 2015）。

表２−４　京都アグロエコロジー宣言における定義・特徴と５つの提言

アグロエコロジーの定義と特徴	
アグロエコロジーとは、伝統知と科学知に基づいた超学際的なアプローチであり、その目的は、生産性が高く、生物学的に多様で、かつレジリエントな小規模な農業システムを設計・管理することです。アグロエコロジーに基づいた農業システムの特徴は、経済的に採算がとれ、社会的に公正であり、文化的に多様であり、環境に過重な負荷をかけないことです。アグロエコロジーの鍵となる三つの原則は、多様性・ネットワーキング・主権*です。	
提言	
1	地域に根ざした環境配慮型の持続可能な市場システムを通じて、大企業に支配されない、農村と都市との結びつきを復活させること。
2	環境・農民・消費者運動、その他の社会運動の活性化を通じて、アグロエコロジーの目標達成のための方策を推進すること。
3	社会科学者・自然科学者に対して、女性や若者を含めた農村・都市社会双方の利益となる参加型・超学際型の研究・教育プログラムをともなうアグロエコロジー運動への支持を呼びかけること。
4	地方自治体や国の政策立案者に対し、健康的な食の生産・分配・消費を民主化する新しい食のシステムに向けた実現への努力をうながすこと。
5	海外の各国・各地域におけるアグロエコロジー運動と国際的な連携をはかること。

注：＊ここでいう主権とは、地域や地方ごとにおける食料生産の自律性、エネルギーの自給自足、技術の独立性を指す。
出所：「2016年京都アグロエコロジー宣言・日本語訳」（https://www.chikyu.ac.jp/fooddiversity/achievements/file/declaration_jp.pdf）（2024年6月19日参照）より筆者作成。

　また、カリフォルニア大学バークレー校の羽生淳子教授は、京都の総合地球環境学研究所（ＲＩＨＮ）に滞在していた２０１６年に、同僚のアグロエコロジー研究者ミゲル・アルティエリ名誉教授らを同研究所に招いてアグロエコロジーに関する研究集会を開催し、「京都アグロエコロジー宣言」を発表しました（**表２−４**）。筆者もその集会に参加し、同宣言に賛同した一人です。

　市民社会においては、キューバの有機農業等を研究している吉田太郎氏（フリージャーナリスト）が、アグロエコロジーを一般市民向けに紹介する先駆的な著作を2010年に上梓しました（吉田2010）。2015年には日本アグロエコロジー会議が発足し、2016年にはNPO法人西日本アグロエコロジー協会が設立されるなど、有機農業関係者、研究者、および市民等が関わる学びの場が広がり、2023年には農民運動全国連合会が『農民連アグロエコロジー宣言（案）』を発表しています（農民運動全国連合会2023）。政府においては、農水省が「環境保全型農業センスアップ戦略研究会―アグロエコロジーな社会をデザインする―」を2014年に設置しましたが、当時の研究会メンバーによるとアグロエコロジーの定義等に関する本格的な議論はなされていませんでした（日本農業新聞、2024年1月7日付）。マスメディアでは、NHKの番組「クローズアップ現代プラス」が2020年10月に、「小さな農業」の特集でアグロエコロジーについて放送していますが、まだメディアにアグロエコロジーが登場する機会はかなり限られています。

(3) アグロエコロジーと有機農業[*2]

アグロエコロジーは、その実践において有機農業と重なる部分がありますが、その定義において科学者や市民社会、国連は有機農業の二の轍を踏まないように慎重に議論を重ねました。なぜ、有機農業が歩んだ道をアグロエコロジーは歩まないようにする必要があると考えられているのでしょうか。

今日の有機農業は多様化しています。大別すると、有機農業の経営が目指す方向として「少量多品目で消費者と直接つながる産消提携タイプ」と「品目を絞り規模拡大と市場流通を志向するタイプ」が存在します。しかし、「有機農業は本来、小規模かつエコロジカルな農業であり、（中略）コミュニティづくりをめざすもの」でした（Fitzmaurice and Gareau 2016: vii）。つまり、初期の有機農業は社会運動であり、農家自身が選び取るライフスタイル（生き方）であり、経済的営み以上の意味を付与されていましたし、現代においてもそれは少なくない数の有機農業経営、特に小規模家族経営にあてはまります。

ところが、１９９０年代から２０００年代にかけて各国・地域で有機農産物・食品の基準が設けられ、第三者認証機関による評価を必要とする公的認証制度および食品表示規制が始まると、有機農業はその運動としての性格や全体論的（ホリスティックな）アプローチをはぎとられ、単に禁止された化学農薬・化学肥料や遺伝子操作された作物を用いない農業に矮小化されていったのです（Fitzmaurice and Gareau 2016）。同時に有機農産物・食品は、アグリビジネス（農業関連産業）によって急速に成長するニッチ市場として位置づけられ、新自由主義的政策の下で工業化された食料システムを補完する要素となりつつあります。

このような現象をとらえて、Guthman（２００４）は政治経済学の視点から有機農業の慣行化論をとなえました。すなわち、有機認証基準の設置（それは、投入材ベースの緩やかな基準であり、運動的性格を不要にしました）によって、有機農業は化学合成投入材の代わりに有機投入材を用いればよいとされ、その他の点においては慣行農業と類似したもの（単作化、生産コストの削減、市場競争力の強化等を追求するモデル）になることを意味します。このような有機農業は代替主義的有機農業、または工業的有機農業と表現できます（表2－2の段階2）。有機農業の工業化によって大規模な企業有機農業経営と小規模な家族有機農業経営の間には市場競争が生じ、前者が後者を駆逐するか、そうならないためには後者が前者の論理を取り入れて少品目に特化して生産せざるをなくなると指摘さています。確かに、これはカリフォルニア州（Guthman 2004）やオーストラリア（サンギータ・久野2011）等の大規模有機農場が支配的な地域の現実を反映しています。

しかし、実際には有機農業の工業化によって運動を信念としてきた小規模な家族有機農業経営がすべて駆逐され消滅することはなく、産消提携やファーマーズマーケットで直売を続けながら大規模な企業有機農業経営と併存するケースもあり、彼らにとって慣行化は不可避とはいえません。それは、米国ニューイングランド地方（Fitzmaurice and Gareau 2016）や日本（サンギータ・久野2011）のように小規模農業経営が多数存在する地域だけでなく、カリフォルニア州でも認められます（村本2001）。Campbell and Liepens（2001）はこうした現象を有機農業の二極化ととらえました。すなわち、工業的有機農業と運動的有機農業は異なる市場や消費者の需要に対応しており、小規模有機農業経営は産消提携等によって慣行農業化の圧力を避けることが可能であると考えられています。

このように、有機農業の多様化は、「慣行化」と「二極化」として説明されてきました。しかし、これらの議論では有機農業経営の経済的合理性が強調されており、どのようなタイプの有機農業を営むかという農家の選択における経済外的決定要因が十分に考慮されてこなかったという指摘があります（Fitzmaurice and Gareau 2016）。経済社会学、人類学、民族学の視点から、Fitzmaurice and Gareau（2016）は、農家がこうした選択において個人的な生き方、社会的関係性、道徳的動機、自らの仕事（農業と生産物の販売、および兼業等）に付与する意味と経済行為を調和させようと苦闘しつつ、しばしば相互に矛盾するそれらの要素をバランスさせようと努力していることに注目しています。また、そこには常にある種のあいまいさが存在することを認めています。

アグロエコロジーは、こうした有機農業の歴史と現実を直視し、アグリビジネスに盗用されないように慎重に定義されました（**表2－1**）。また、アグロエコロジーとは多段階を移行するものであり（**表2－2**）、それをアグロエコロジー的転換（agroecological transformation）と呼びます。ただし、包括的なアグロエコロジーの定義は、アグリビジネスによる盗用から完全に守られているわけではなく、攻防は続いています。

3　国際舞台におけるアグロエコロジーをめぐる攻防

前節で述べたように、国連や世界銀行等は２００９年からアグロエコロジーへの転換を推進していますが、この潮流は一直線に進んでいるわけではありません。歴史は「捻転」するのです。それが明らかになったのは、グテーレス国連事務総長の呼びかけで２０２１年9月にニューヨークとオンラインで開催された国連食料システム・サミット（以下、サミット）でした。サミットは、持続可能な食料システム実現のために各国首脳等が集まり、そのための方策を協議する場になるはずでした。ところが、多くの市民社会団体はサミットの方向性を批判して、組織的ボイコットを決行したのです。なぜ、市民社会はサミットをボイコットしたのでしょうか。また、日本政府がサミットで発表したみどり戦略は、この攻防においてどのように位置づけられるのでしょうか。

（1） 市民社会からボイコットされたサミット

① サミットが目指すもの

国連事務総長は、２０１９年10月16日（世界食料デー）に各国首脳に呼びかけ、２０２１年９月にニューヨークで第１回サミットが開催されることになりました（UNFSS 2021）。これは、ＳＤＧｓ達成に向けた「行動の10年」（２０２０年開始）の具体的行動の一つと位置づけられています。国連は、ＳＤＧｓ達成の鍵は食料システムの改革にあるとして、各国政府に大胆な行動と革新的な解決策を提案するよう求めました。

食料システムとは、食料の生産から加工、流通、消費に至る過程やそれを支える法律、制度、文化、慣習等を体系的にとらえる概念です。国連は、食料システムに関わる多様な主体（科学者、企業、政策責任者、医療福祉関係者、農林漁業者、先住民、若者、消費者、環境活動家等）がサミットで一同に会し、より健康的かつ持続可能で公正な食料システムを構築するために、協力して行動することを促しています。さらに、新型コロナウィルス禍で打撃を受けた食料システムを、「よりよく復興する」（Build Back Better）ことも目指しました。

② 日本政府の対応

２０２１年7月下旬には、ローマで閣僚級のサミット準備会合が開催されました（日本農業新聞、２０２１年7月29日付）。日本からは野上農相（当時）が参加し、5月に農水省が策定したみどり戦略を発表しました。サミットは、持続可能な食料システムの構築に必要な国際ルール作りのための政府や企業による実質的な駆け引きの場という性格があったため、日本政府は東南アジア6か国（カンボジア、ラオス、フィリピン、シンガポール、ベトナム、マレーシア）と事前に協議した上で（日本農業新聞、２０２１年7月20日付）、準備会合では、みどり戦略が「アジア・モンスーン地域に適用可能な持続可能な食料システムのモデル」だと強調しました。

ＥＵは、２０２０年5月に示した「農場から食卓までの戦略」（以下、Ｆ2Ｆ戦略）の中で、２０３０年までに有機農業面積を農地の25％に拡大し、農薬使用量を5割、化学肥料使用量を2割以上削減する等の野心的な目標を掲げています。日本のみどり戦略はこれを参考にしつつ、類似の目標を２０５０年までに達成するとしました。準備会合で日本政府が「アジア・モンスーン」を強調したのは、高温多湿な気候条件の下では、ＥＵと同じスピードの改革はできないという予防線を張るためだったとも受け取れます。

さらに、日本政府はかねてより推進しているロボット技術やＡＩ（人工知能）等を活かしたスマート農業の実践例を紹介し、持続可能な食料システムの実現に向けた技術革新の重要性を訴えました。また、栄養バランスのとれた食生活や食文化の重要性も訴え、和食と同じくユネスコ無形文化遺産に登録された食文化を持つフランスと、持続可能な食料システムの構築に関する共同文書に署名しました。同様に、日本政府はＥＵ、東南アジア7か国とも共同文書に署名しています。こうしたことから、持続可能な食料システム構築へのコミットを国際的に発信しつつ、国際ルール作りで主導権を握り、スマート農業技術や食品の輸出拡大を図る日本政府の戦略がみてとれます。

③　企業のためではなく、人びとのための食料システムを

多様な主体が立場の違いを越えて連携し、持続可能な食料システムを構築することは、一見すると望ましいことのようにみえます。しかし、２００を超える市民社会団体（農民団体や環境団体等）は、「間違った方向に進んでいる列車に飛び乗ることはできない」として、サミットを組織的にボイコットし、同時並行で異なる国際集会を開催しました（The Guardian March 4, 2021）。なぜ、市民社会はサミットをボイコットしなければならなかったのでしょうか。

国連は、２００8年の世界食料危機の後に、飢餓の撲滅等を議論する場であるＣＦＳを改革し、市民社会団体の意見を積極的に取り入れる制度を創設するとともに、世界の科学者を招いて独立した諮問組織（ＨＬＰＥ）を組織し、その提言に基づいて各国・地域の政府に農業政策を転換するよう

勧告してきました（関根２０２０ａ）。アグロエコロジーや食料主権、小規模・家族農業、先住民の伝統的農林漁業の知恵等の重要性を国連の政策に反映したことは、一連の改革の成果です。

しかし、サミットの趣意書には、フードセキュリティ（日本政府は「食料安全保障」と翻訳、本章では食料保障と翻訳）の実現における精密農業やデータ収集、遺伝子工学（ゲノム編集技術等）の重要性が強調される一方、アグロエコロジーや食料主権、市民社会の役割等への言及はありませんでした（The Guardian March 4, 2021）。また、サミットでは、ＨＬＰＥとは別の「サミット科学グループ」が新たに組織されました。さらに、アフリカ緑の革命同盟（ＡＧＲＡ）のカリバタ代表（元ルワンダ農相）が、通常と異なる手続きでサミット特使に指名されたことも波紋を広げました。ＡＧＲＡはゲイツ財団が資金提供している団体で、アフリカ大陸の飢餓撲滅のために高収量の改良品種等の近代的技術の普及を目指しています。他にも、サミットには世界経済フォーラムに参加する名だたる多国籍企業やその団体、ロックフェラー財団等が関わっていました。

市民社会団体は、サミットが貧困と飢餓の原因をつくってきた多国籍企業（バイオ企業等）に乗っ取られ、新自由主義的グローバル化に新たな装いを提供する機会になると警鐘を鳴らしたのです。市民社会団体が訴えているのは、企業が支配するグローバルな食料システムを人権に基づいたアグロエコロジカルな食料システムに変革することの重要性です。

（2） みどりの食料システム戦略―日本は世界の縮図―

① 生産性向上も持続性も

日本では、2021年5月にみどり戦略が策定されました（農山漁村文化協会2021）。前年10月には菅首相（当時）が所信表明演説で2050年までに脱炭素社会を構築する方針を示しており、農林漁業分野でも脱炭素の取り組みにむけた機運が高まることになりました。これに先立ち、欧州委員会は、2019年12月に脱炭素社会を目指す政策「欧州グリーンディール」を発表し、2020年5月にその一環としてF2F戦略を発表しています。EUは域内で脱炭素に向けた改革を行うと同時に、環境に配慮していない域外製品に対して国境炭素税を新たに課し、これを国際標準にしたい意向も示しています。アメリカ政府は、2020年2月に「農業イノヴェーション・アジェンダ」を示し、農業生産性の向上と環境保全の両立を目指すとしました。欧米主導の国際ルールが構築され、国内産業にとって不利になることがないように、日本政府は対応を急いでいたといえます。みどり戦略は、「食料・農林水産業の生産力向上と持続性の両立をイノベーションで実現」することを謳っています。

② 日本でも市民社会が声をあげた

農水省は、みどり戦略の策定・実施にあたって大臣以下の省内幹部による戦略本部を立ち上げ、文字通り省をあげて取り組んでいます（農林水産省2021）。また、策定前には主要な農業団体や農業資材業界、食品業界、消費者団体等と意見交換を矢継ぎ早に実施しており、みどり戦略の方向性に対して各界から賛同を取りつけています。

有機農業関係者の間でも、当初は政府が有機農業を支援することを歓迎する声もあがりました。しかし、２０２１年3月にみどり戦略の中間とりまとめが公表されると、その内容に対して有機農業団体や環境団体等の市民社会から批判や疑問の声が続出しました。２週間という短い募集期間にもかかわらず、中間とりまとめに対するパブリック・コメントは全国から1万７０００通以上集まり、その95%にはゲノム編集技術を推進することへの懸念が示されていました（Ｅ－ＧＯＶパブリック・コメント２０２１）。

他にも、遺伝子に作用するＲＮＡ農薬やロボット技術、ＡＩ等の科学技術が偏重されていること、すでに有機農家によって確立されている生産技術への言及がないこと、重要な戦略の策定にあたって農林水産業の生産者や消費者に対する説明が不足しており、意見を反映できる仕組みが整備されていないこと等の改善が要望されました。２０３０年までの農政の基本方針となる食料・農業・農村基本計画（２０２０年3月閣議決定）では、これまでの農業経営体の大規模化や法人化に偏った政策を一部見直し、中小規模の家族経営も政策的に支援することが明記されましたが、みどり戦略の中間とりまとめには小規模・家族農業に対する言及がなかったことも指摘されました。

パブリック・コメントを受けて、農水省はみどり戦略の最終とりまとめでは、ゲノム編集技術に関する記述を大幅に減らし、既存の有機農業技術や中小・家族経営に言及する等、一定の修正を行いました。しかし、基本的には、スマート農業（ロボット技術やＡＩ等の科学技術を用いた農業）やバイオテクノロジー（ゲノム編集技術等）等の第２次安倍内閣以降推進してきた路線を踏襲し、脱炭素化に向けた取り組みを加えた内容になっており、既存の農業近代化路線を根本的に転換する戦略にはなっていません。サミットに対して国際市民社会が示した懸念と、みどり戦略に対して日本の市民社会が示した懸念の構図は酷似しています。いずれも「誰のための食料システムの転換か」「誰がその農業を担うのか」が問われています。

（3）「代替案」への代替案を求めて

サミットやみどり戦略が示す食料システムの未来像は、市民社会が目指す未来像とは大きく異なっています。以下では、両者が求める未来像の相違点を整理し、今後の日本農業の進路を検討するための参考としたいと思います。

① 農民なき農業か、農民的農業か

みどり戦略は、日本の少子高齢化や農村の過疎化を前提条件として、これを克服するために農業生産では無人走行トラクターや収穫ロボットに代表される省力技術の普及を目指し、食品産業では生産ラインの完全無人化を進めるとしています（農林水産省２０２１）。日本政府は、スマート農業技術の実証実験で労働時間が４割削減されたとサミットの準備会合で紹介しました。

省力化技術は、確かに戦後の農業近代化において総じて歓迎されてきました。日本だけでなく欧米でも、大型機械の導入で労働生産性を高めることが農業の進歩だと、多くの人が信じていた時代がありました。「省力化を進めるために大型機械を導入し、それに合わせて農地を集積・集約し、基盤整備を進め、融資を受けやすいように法人化して経営規模を拡大する。それによって売上は向上し、さらに設備投資を行って6次産業化（農産物の加工・販売等）や輸出も手がける。」これは、日本農政が一貫して目指してきた農業経営の発展モデルです。したがって、こうした発展経路に乗ることができない兼業農家や小規模・家族経営、および自給的農家は政策的支援の対象からこぼれ落ちるか、集落営農を組織して対応せざるをえませんでした。

しかし、この経済的指標に基づく発展モデルでは、見落とされているものが二つあります。それは、21世紀において農業経営が最も重視すべき社会的指標と環境的指標です。具体的には、社会的効率性と資源エネルギー効率性と呼ばれます。農業経営は規模拡大をすればするほど、また省力化を進めれば進めるほど農業人口や農村人口の減少に拍車をかける傾向にあり、地域コミュニティの衰退を招きやすいのです。また、大型機械・施設の導入や単作化が進めば環境負荷は増大し、輸出志向型農業にともなう長距離輸送はより多くの食品廃棄・ロスと温室効果ガスを排出します。

こうした課題を考慮するために、**図2－1**では縦軸に社会的指標（労働集約性）を、横軸に環境的指標（資源エネルギー投入量）を採用して、異なる農業類型を配置しました。第Ⅰ象限の近代的経営は、これまで望ましい経営形態とみなされていましたが、新たな経営指標で評価すると社会的指標

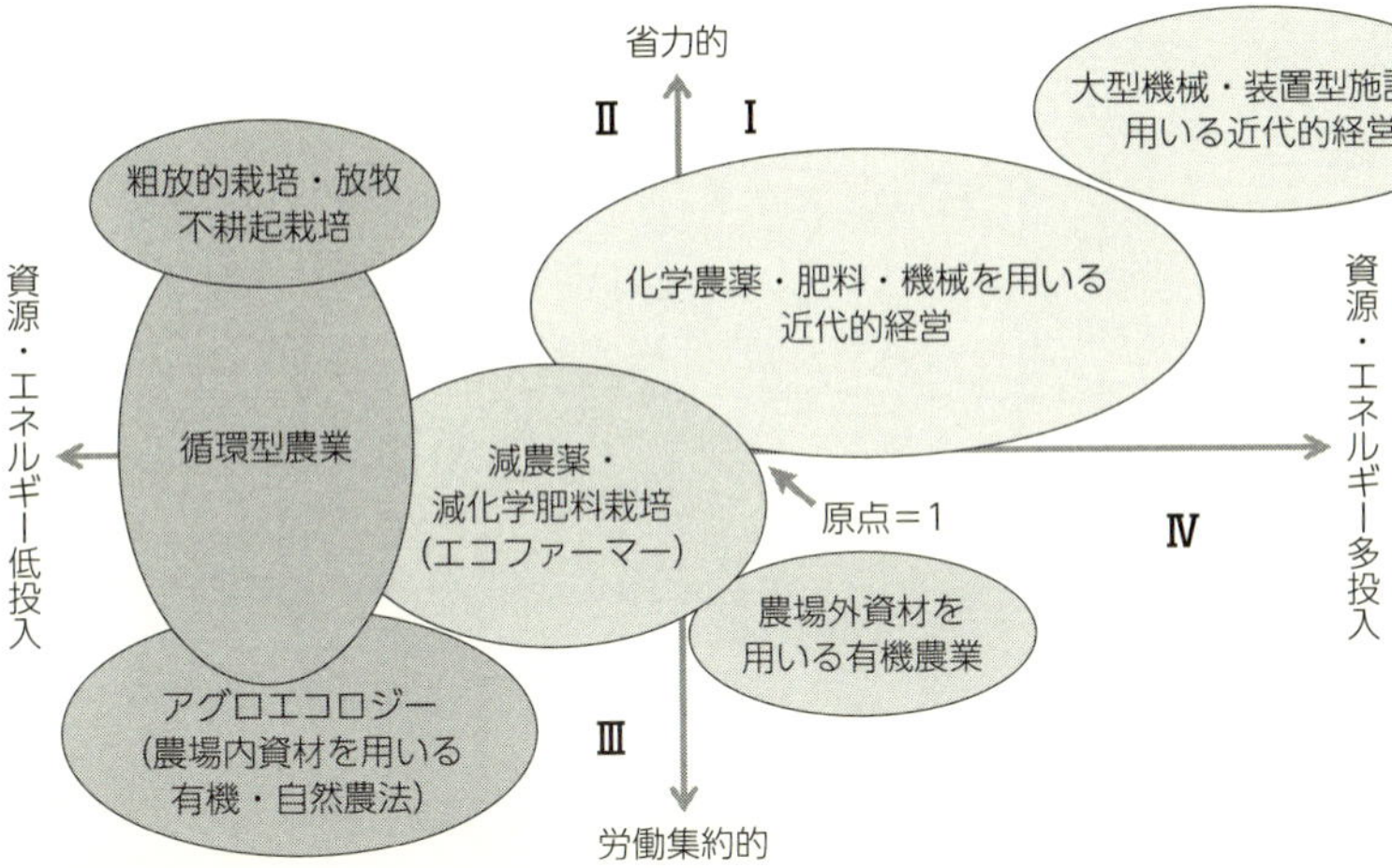

図2－1　資源エネルギー・労働力を軸にした農業モデル

出所：関根（2021a）より転載。

からみても環境的指標からみても望ましい経営形態とはいえません。逆に第Ⅲ象限のアグロエコロジーは、社会的指標からみても環境的指標からみても持続可能性が高いことが分かります。

経済面だけでなく、社会面や環境面から評価して持続可能な農と食のシステムを構築するために、EUは農業経営の規模拡大を積極的に抑制し、小規模・家族農業を増やす方向で農業政策を見直しています（関根2022a）。アメリカ農務省では、1980年代初頭から大規模農業を問題視して小規模農業を支援すべきとの議論があります（関根2022b）。

農業生産者は人であり、地域で集い、買い物をし、子育てをし、ときに病院に通います。地域に大規模な農場がぽつんと存在し、ロボットが農業を担う未来像には、地域コミュニティやそこで生活する人としての農家が存在しません。日本の国土の3分の2は森林であり、農地の4割、農業生産者の4割は中山間地域に位置しています。「農民なき農業」が広がることは、こうした地域に住む人がいなくなり、日本の社会のかたち、国土のかたちを変えることにつながります（関根2021b）。持続可能な農と食のあり方に移行するためには、図の第Ⅰ象限から第Ⅲ象限にむかうための農政転換こそ必要ではないでしょうか。また、持続可能な社会に移行するためには、少子高齢化や人口の都市集中、および農村の過疎化を前提条件とせず、社会の構造全体のデザインを見直す必要があるでしょう（関根2020b）。

② 工業的スマート有機農業か、アグロエコロジーか

サミットやみどり戦略は、気候危機や生物多様性の喪失を食料システムにとっての主要な課題と位置づけており、既存の農薬・化学肥料に依存した農業を見直す必要性も認識しています。その点では、サミットをボイコットしている市民社会団体も認識を共有しています。しかし、どのような代替技術で直面する課題をのり越えるのか、どのように意思決定をするのかをめぐっては、両者の間に深い溝があります。

サミットやみどり戦略は、新たな科学技術や技術革新が不可欠との立場をとっています。ロボット技術やAI、ICT、ゲノム編集技術はそうした科学技術の代表です。すなわち、「工業的スマート有機農業」が目指すべき未来像ということになります。

しかし、こうした未来像には複数の懸念がつきまといます。最先端技術を開発し知的財産権や特

許を所有するのは、公的研究機関や民間のバイオ企業、ＩＴ企業、農機メーカー等ですが、近年は民間の役割がますます大きくなっています。また、日本で主要農作物種子法が２０１８年に廃止され、種苗法が２０２０年に改訂されたように、農業に欠かせない種子の供給に対する公的研究機関の役割が縮小され、農家が翌年蒔く種を採種する権利を規制する動きが世界各地で進行しています。日本の場合、ゲノム編集作物は外来遺伝子を組み込まなければ遺伝子組み換え作物ではないとみなされ、安全性審査や表示の義務なく販売可能ですが、安全性や生態系への影響を懸念する科学者は少なくありません。市民社会団体とともにサミットをボイコットしている科学者たちは、気候変動や農村の「緩やかな死」に帰結する大規模な単作栽培が望ましくないにもかかわらず、農政は依然としてその方向を支持していると批判しています。

これらの点に加えて、市民社会団体が特に懸念しているのは、「持続可能性」「ＳＤＧｓ」「グリーン」という言葉を語る企業によって食料システム内の既存の権力関係（パワーバランス）が温存され、むしろ新たな資源収奪や労働者の搾取につながることです。市民社会団体は、環境保全を謳いながら実質的に既存の農業近代化路線をさらに強化する流れを「エコロジカルな集約化」「持続可能な集約化」と呼び、批判しています。市民社会側が求めているのは、単に環境に優しいだけの農業ではなく、社会的に公正で民主的な農と食のシステム、すなわちアグロエコロジーへの転換です。

そのためには、実験室で科学者が開発した最先端技術を偏重せず、すでに農家の手によって確立され、実践されている技術（経験知や暗黙知、女性の知識、先住民の知識を含む）を排除しないように、農と食のシステムにおける責任あるガバナンス（統治）を実施することが求められます。日本でも農業試験場や大学、企業の研究室で開発された農業技術や新品種をトップダウンで農家に普及するという従来の研究開発・普及のモデルを見直すときが来ています。

（4） 日本農業への示唆

以上から、今日多用される「持続可能性」という言葉は、ますますその内容を検証する必要性が高まっています。日本農業の進路は、企業が主導する「新たな装いのグリーンな工業的農業」なのか、それとも、農民団体や環境団体が目指す「小規模・家族農業によるアグロエコロジー」なのか。社会的、環境的、経済的指標で農と食のシステムの持続可能性を評価すれば、自ずと後者に旗が揚がります。農と食のシステムのあり方を問い直し、これを転換することは、気候危機や生物多様性の喪失等の課題に取り組むことだけでなく、私たち人類の社会のあり方、そして文明のあり方を変革することにつながります。日本農業がどのような道に進むのか、そして、私たちはどのような社会を選ぶのか、それは有権者の手に委ねられています。

4　欧米におけるアグロエコロジーの取り組み

(1)　欧州連合（EU）の取り組み―小規模・家族農業によるアグロエコロジーを推進―

①　アグロエコロジーに対する直接支払制度

欧州委員会は、2017年11月に共通農業政策（CAP）の新たな改革期（2023～27年）にむけた基本方針「食と農の未来」（European Commission 2017）を発表し、気候変動や環境保全の対策強化とともに、小規模経営に対する支援強化を打ち出しました。現行の直接支払制度では、経営数全体の2割に当たる大規模経営が支払総額の8割を受給しており、真に支援を必要としている小規模経営に支援が行き届いていないとの批判が強まっていたためです。そのため、受給上限額を導入し、大規模経営に対する直接支払の累進的減額、小規模経営に対する再配分強化を実施しています。小規模経営への支援は、2014～22年のCAPでも加盟国の裁量で実施できましたが、これをさらに強化しました。こうした政策転換の背景には、EUの東方拡大によって小規模な自給的経営が重要性を持つ中東欧諸国が加盟したこともありますが、農業競争力があるとされる西欧諸国でも農村の雇用（所得獲得機会）創出の一形態として小規模農業の維持が農村の活性化に不可欠であることや、条件不利地域や都市的地域において小規模農業が果たす多面的価値が高く評価されるようになったことも大きく影響しています。

表2−5　EUの共通農業政策におけるエコスキーム支払い対象の実践例

アグロエコロジー	炭素農業	精密農業
輪作（マメ科植物を含む）、混植、二毛作	保全型農業（不耕起栽培）	土壌養分管理計画の作成
永年作物（果樹、ワイン用ブドウ、オリーブ等）下の被覆作物	湿地・泥炭地の再湿地化（湿地農業）	養分流出を最小化する革新的アプローチ
低集約的な牧草を基礎とした畜産	冬季の地下水面を最低レベルに	養分吸収のための最適 pH
気候変動に強い品種の採用	農作物の残渣を適切に管理（残渣の販売、育苗）	循環型農業
永年草地の草の品種の多様化：生物多様性	永年草地の設置と管理	投入材を削減するための精密な耕種農業
水田稲作の改善：メタンガス抑制	永年草地の粗放的利用	かんがい効率の改善
有機農業の実践と基準		

出所：European Commission（2021）より筆者作成。

現行CAPでは、環境保全・気候変動対策も一層強化されました。CAP第一の柱である直接支払では、基礎支払とグリーン支払を統一して環境要件を満たすことを受給要件とし、追加的な環境保全・気候変動対策に取り組む経営体には上乗せ支払（エコスキーム）を実施します（欧州連合日本政府代表部２０１９）。欧州グリーンディール政策の下で、EUは２０２０年５月に「農場から食卓までの戦略」を発表し、農と食のシステム全体に新たなアプローチを行うとともに、循環型経済（Circular Economy）への移行を推進しています（European Commission 2020）。キリアキデス健康・食品安全担当委員は、２０１９年12月の会議で、持続可能な農と食のシステム構築においてEUが採用する持続可能性の指標を世界標準にしたい意向を語っています。

ＥＵの新たな共通農業政策に導入された「エコスキーム」では、アグロエコロジーをはじめ、表2－5に掲げる実践に対して補助金の加算を行っています。エコスキームには、直接支払予算の25％を充て、農林業のグリーン化を加速しています。

② 変わる農業技術の普及―ＥＵで広がる新たな学びのかたち―

ＥＵは、新ＣＡＰの下で、持続可能で多様な農業を実現することを目指しています。中長期的な食料保障を実現しつつ、農村の社会経済を強化し、気候変動対策や生物多様性の保全、自然資源の保護に取り組むには、新たな農業技術の普及のあり方が求められます。そのため、ＥＵは２０２２年10月に既存の組織を再編して「欧州共通農業政策ネットワーク」を立ち上げました。同ネットワークで農業技術のイノベーションを担うのは、２０１２年に設立された「欧州農業革新パートナーシップ」（EIP-AGRI）です。同パートナーシップは、自然と調和した食料・飼料等の生産のための研究開発・普及をワンストップで支援するためのＥＵの組織です。

興味深いのは、農業技術・イノベーションの普及方法です。「科学者が技術開発をして、農家に一方的に普及する」というモデルは完全に時代遅れになったとして、「知は農家、科学者、普及員、企業、ＮＧＯ等により共に作られる」という考え方を提唱しています（**写真2－1、2－2**）。この理念に基づいて、有機農業、保全型農業、炭素農業、ＩＰＭ（総合的病害虫・雑草管理）等の研究開発・普及が進められています。

写真2－1　有機農家の圃場で大豆と麦の混植の実験を行う農学者たち

出所：南仏カマルグ湿地帯で筆者撮影（2009年）。

同パートナーシップは、「農業の知と革新のシステム」（ＡＫＩＳ）を立ち上げ、ＥＵの農家が時代の要請に応じた新たな実践に取り組めるように支援しています。そこでは、大学や政府系研究機関、民間企業等が開発した技術や品種、資材をトップダウンで農家に普及するのではなく、農家同士の知の共有（ピア・ラーニング）や非公式の交流による普及が重視されています。自らリスクを取る農家が開発・実践して成功した技術に対して、同じ立場の農家は厚い信頼を寄せます。そのため技術の普及スピードも早いと考えられています。また、有機農業等の技術は、既存の研究機関よりも有機農家の方が豊かに蓄積しているのも事実です。

同制度の下で、国の研究機関と民間組織（農業生産者団体）による協同の研究開発・普及事業が広がっています。例えば、フランスでは有機農業等の70団体で組織する有機農業・食品研究所（ＩＴＡＢ）が、政府やＥＵ等からの後援を受けて全国各地で品目横断的な

写真2－2　有機農家の圃場で稲の生育調査を行う農学者たち

出所：南仏カマルグ湿地帯で筆者撮影（2009年）。

農業技術の普及体制を構築しており、フランス国立農業食料環境研究所（ＩＮＲＡＥ）と協同で有機農業研究のためのプラットフォームも設立しています。日本でアグロエコロジーを拡大するには、農家に学び、農家と共同する研究開発・普及のあり方に転換する必要があるでしょう。

③　ゲノム編集食品の規制緩和に懸念 ―欧州アグロエコロジー協会―

ＥＵでは、アグロエコロジーが推進されていますが、日本と同様にゲノム編集食品の規制緩和案をめぐって議論が割れています。ＥＵ委員会は、２０２３年７月５日にゲノム編集食品の規制緩和案を発表しました。これに対し、生態系の保護や持続可能性を重視する欧州アグロエコロジー協会は懸念を表明しています。

ゲノム編集技術は、従来の育種より短期開発できるとされます。気候変動下で食料を増産したり、農薬や

表2－6　EUの新たなゲノム編集植物の規則案

適用される規制	新規則案	遺伝子組み換え指令（2001年）	
遺伝子操作された植物の分類	ゲノム編集・分類1	ゲノム編集・分類2	遺伝子組み換え
分類の基準	自然界・従来育種で生じうる	ゲノム編集・分類1以外のゲノム編集	従来の遺伝子組み換え
規制の水準	従来育種の植物と同等（リスク評価、表示なし）	遺伝子組み換え植物と同等（リスク評価、表示、モニタリング等）	
持続可能性への貢献の要件	要件なし	要件あり	要件なし

出所：European Agroecology Association（2023）より筆者作成。

化学肥料の使用量を減らしたりするためにゲノム編集技術は欠かせないという意見がある一方、安全性や生態系への影響等を懸念する声もあります（The Greens/EFA 2021）。

ＥＵは、植物のための新ゲノム技術に関する規則案（２０２３年７月）のなかで、ゲノム編集された植物を分類１（自然界・従来育種で生じうる植物）と分類２（分類１以外のゲノム編集植物）に区分しました（**表２－６**）。分類２はリスク評価と公的機関の承認が必要で、トレーサビリティと遺伝子組み換え表示が義務付けられます。しかし、分類１はそうした規制を受けません。ただし、分類１は公的データベースに登録され、種子はゲノム編集表示をするとしています。

欧州アグロエコロジー協会は、ベルギーに本部を置く２０１６年設立の協会であり、科学者や市民社会団体、農業生産者等で構成され、国連（ＦＡＯ等）と連携し、ＥＵやフランス等から支援を受けて政策提言等の活動をしています。同協会は、２０２３年10月に科学者を招いてＥＵのゲノム編集政策に関する研究会を開催し、報告書を同年12月に発表しました。

同報告書によると、研究会では複数の点からＥＵの新規則案への懸念が示されました。「（１）ゲノム編集は確実な技術であり、自然界で起きる現象と同等だとされているが、大いに疑問である。（２）他の植物や生物多様性に及ぼす影響が不確実であり、農生物多様性を重視するアグロエコロジーの原則と相容れない。（３）ゲノム編集技術に研究開発の予算や施策が集中し、農民による育種や地域コミュニティの種子交換システムが顧みられない可能性がある。（４）分類１のゲノム編集植物はモニタリングが行われず、食品表示義務がないため消費者の選択の権利を奪う。」としています。２０２４年２月７日、この規則案は欧州議会で承認されましたが、新規則案を掲げる欧州政策当局と市民社会との対話を今後も注視する必要があります。

（２）フランスの取り組み

①　アグロエコロジー推進法

オランド政権は、２０１４年施行の「農業、食料および森林の将来のための法律」（通称：農業未来法）で、アグロエコロジー推進を明確に打ち出しました。具体的には、「経済・環境利益集団」を組織化して、農業生産における経済的パフォーマンスと環境的パフォーマンスの「二重のパフォーマンス」を革新的な方法で達成することを目指しており、その方法としてアグロエコロジーを位置付けています（原田２０１５）。なお、同法における経済的パフォーマンスとは単なるコスト削減や販売額の向上を目指すことではなく、「地域に責任を持つ主体」としての社会的評価も含めたパフォーマンスです。

このように、フランスでは２０１４年の農業未来法によって既存の近代的農業推進路線から方向転換するとともに、経営規模拡大の抑制やアグロエコロジー推進に向かっています。これは、近年、フランスやＥＵ諸国で重視されている多就業（pluriactivity）や農産物・食品の高付加価値化政策と適合的です。この他にも、フランスでは環境保全型農業として不耕起栽培や有機農業への転換を政策的に後押ししています。さらに、政府は２０１５年の国連気候変動枠組み条約締約国会議（ＣＯＰ21）で土壌の炭素貯留を高める「４／１０００イニシアティヴ」を提案しました。これは、土壌中に堆肥や緑肥等を施して腐植（有機物）を年間０・４％増加させることで、人間活動由来の二酸化炭素を土壌に固定しようとする取り組みです（UN Climate Change 2015）。このイニシアティヴは、地力向上による持続可能な食料生産と気候変動対策が同時にできるとして注目されています。すでにフランスだけでなく、アメリカやオーストラリア、ブラジル等でも不耕起栽培の取り組みが広り始めています（朝日新聞グローバルプラス、２０１９年5月23日付）。

その後、フランスでは２０１７年にマクロン政権が誕生しましたが、上記の政策は維持されています。２０１８年には、学校給食等の公共調達における有機や地元産の調達率引き上げを義務化する法律（通称：エガリム法１）を成立させ、有機農業の大幅拡大を目指しています（本書第5章参照）。

② 変わる農業教育―フランスで広がるアグロエコロジー教育―

フランスでは、農業未来法の制定以降、生態系と調和した持続可能な農業としてアグロエコロジーや有機農業の研究・教育に力を入れています。これにより、農業教育の現場にも変革の波が押し寄せています。農薬・化学肥料等を用いる近代的農法に頼らない技術や考え方を教育するために、教員たちが全国ネットワークを形成しているのです。

表2−7　フランスの公的農業教育機関

高校（普通・技術・農業）	217 校
農業初心者研修センター（CFA）	100 校
職業訓練・農業振興センター（CFPPA）	269 校
農業・獣医学・造園の高等教育機関	10 校
有機認証取得の付属農場（取得率%）	5,138ha（27%）

出所：Ministère de l'Agriculture et de la Souveraineté alimentaire（2020）より筆者作成。

フランス農業食料林業省（現・農業食料主権省）は、2014年から「異なる生産方法を教えよう」計画を始め、農業高校等の教員らによる「アグロエコロジーへの移行ネットワーク」（RESO'THEM、以下、レゾテム）が立ち上げられました。また、レゾテムのメンバーにより、「農業高校・研修センターの有機農業ネットワーク」（Formabio、フォルマビオ）も設立され、全国70校の農業高校・農業初心者研修センター（CFA）等の教育機関が会員になっています。フォルマビオは、教員のための教育方法の研修・イベントを開催しています。さらに、全国123校で有機農業の講座を開設しており、26の付属農場で完全有機栽培が行われています。2022年現在、合計5138haの付属農場で有機栽培が行われています（表2−7）（日本の有機JAS認証面積は1・5万ha＝2021年）。

農業教育の改革の波は、高等教育機関にも及んでいます。フランスのリヨンとアヴィニヨンを拠点とする農業・食料・環境大学院（ISARA-Lyon）とオランダのワーヘニンゲン大学は、2年間の課程の「アグロエコロジーと有機農業」という共同修士課程を立ち上げました。そこでは、既存の農学教育ではなく、システム・アプローチ（体系的接近法）やアクション・リサーチ（課題解決型の応用研究）が重視されており、理論と実践の格差を埋める教育が目指されています。また、アグロエコロジー夏期講習や国際アグロエコロジー夏期学校も、フランスの高等教育機関によって開設されています。日本の農業教育の現場でも改革が求められているといえるでしょう。

③ 学校給食で目指す食の民主主義―フランスで2つのイベント開催―

２０２３年10月18日・19日の両日、パリで第１回学校給食連合サミット（以下、サミット）が開催され、日本を含む世界90か国の政府代表や国連機関、学術団体、ＮＧＯ、自治体等が参加しました。学校給食連合は、２０２１年の国連食料システムサミットでフランス政府とフィンランド政府が国連世界食糧計画（ＷＦＰ）の支援を受けて設立しました。２０３０年までにすべての子どもが栄養のある学校給食を食べることができるように、各国・地域、国連機関、諸団体が連携強化することを目指しています。

第１回サミットのテーマは、「将来世代のための投資：学校給食を通じた人的資本、持続可能な食料システム、および気候変動対策の行動」であり、初日はマクロン仏大統領が開会を宣言しました。

サミットでは、新たにブラジルが議長国に加わり、新加盟国を歓迎しました。

学校給食連合では、栄養不足の子どもを減らし、彼らの健康、教育、格差の問題を改善するだけでなく、持続可能な農法で生産された地元の食材を活用することで、石油に依存した農業資材や長距離輸送にともなう温室効果ガスを削減し、地域の（特に女性の）就業機会を増やし、持続可能な開発目標（ＳＤＧｓ）の達成に貢献すると考えられています。

同じく10月18日には、フランスの有機給食を推進する非営利団体 Un Plus Bio（アンプリュスビオ）がパリで食の民主主義や農業者の未来等に関する第８回の討論会を開催しました。２０２３年は、自治体の代表、研究者らに加えて環境移行・地域結束省のクリストフ・ベシュ大臣が招かれ、大臣は同団体が食の変革における取り組みを一層発展・加速することに期待を示しました。討論では、給食では「（食べる）悦びだけでは不十分だ。分かち合い、共に生きるという位置づけが必要だ」との意見が示されました。討論会の後には、有機給食に取り組む自治体の「反逆的食堂賞」の表彰式が行われ、35の候補の中から８つの自治体が選ばれました。

フランスをはじめ世界各国では、学校給食や病院給食等の集団給食で利用される食材を地元産の有機農産物に変えたり、無償化したりすることで、食の民主主義の実現や持続可能な社会への移行を目指しています。

表2－8　アグロエコロジー・サミットで採用されたアグロエコロジーの定義

1	自然のプロセス［生態系の働き］を利用する
2	購入資材［農薬・化学肥料・種子・石油等］の使用を制限する
3	負の外部性を最小限に抑えた閉鎖サイクルを促進する［農薬・化学肥料の水系流出、農薬のドリフト等を抑制する］
4	経験的に得たローカルな知識、参加型プロセス、科学的手法を重視する
5	社会的不平等に対処する
6	農・食システムを生産から消費までが結合した「社会生態学的システム」とみなす［生産者も消費者も生態系の一部を構成しているとの認識に立つ］
7	食料・栄養安全保障を実現するための科学、実践、社会運動、およびその統合である

注：この定義は、HLPE（2019）に基づく。［　］内は筆者の解説。
出所：アグロエコロジー・サミットのウェブサイトより筆者作成。

（3）アメリカもアグロエコロジーに舵

　2023年5月22日から4日間、米国ミズーリ州カンザスシティ近郊でアグロエコロジー・サミット（以下、サミット）が開催されました（The University of Vermont 2023）。ヴァーモント大学やミズーリ大学等の研究者らが企画し、米国農務省等が後援しました。開催の主な目的は、米国におけるアグロエコロジー研究の今後10年間の行程表を、多様な参加者が共同で作り上げることです。サミットには、米国や欧州の研究者、農業団体、政府関係者、市民社会団体等から約100名が招待されました。そこでの議論は、農業法案の内容および予算配分、農務省国立食品・農業研究所（NIFA）の研究計画、開発・普及、教育等にも大きな影響を与えるとみられます。

　サミットは、アグロエコロジーを表2－8のように定義した上で、これが「気候変動対策、栄養の改善、不平等の是正、生物多様性の活性化、食料システムにおける生計の支援にとって必要」であるとの認識に立っています。しかし、現実にはアグロエコロジーへの「公的支援が行われておらず、世界および米国の経済的・構造的な問題によって［その実現が］阻害されている」ことを問題視しています。こうした状況により、アグロエコロジーは米国の研究や制度の中でこれまで脇に置かれてきましたが、サミットを契機として、アグロエコロジーに関する白書の出版、人文・社会・自然科学等の学際的研究の確立、研究の優先事項と行程表の作成を行い、流れを変えるとしています。

アグロエコロジーは、食料主権（食の選択に関する個人・地域コミュニティ・国家レベルの主権）と相互関係が深く、政治的側面が重視されることもサミットで確認されました。さらに、先住民がアグロエコロジーの実践等で大きな役割を果たしているとして、BIPOC（黒人、先住民、有色人種）のアグロエコロジー実践団体の代表もサミットに招待されました。単に環境に優しいだけでなく、多様性を尊重する公正な社会への道標となるのがアグロエコロジーです。

5　おわりに―日本でアグロエコロジーを普及するために―

アグロエコロジーは、科学・学問であり実践であるだけでなく、拡大する新自由主義的イデオロギー、農と食の工業化および企業支配に対する抵抗運動として、小規模・家族農業の正当な評価や支援、食料主権の実現を求める運動とともに世界的に発展してきました。こうした意味において、アグロエコロジーは本質的に政治的であり、公正さや民主主義の実現を求めて社会変革を促すものです。2000年代以降は、市民社会にとどまらず、科学者、国連とその加盟国、世界銀行、EU、アメリカの政府等が幅広く支持するようになり、脱新自由主義やポスト近代化農業・農政、ひいては持続可能で公正な未来社会への移行を実現するためのカギと認識されています。

しかし、食料システム・サミットにおける攻防に象徴されるように、私たちが地球上でアグロエコロジー的転換を実現できるかは、決して所与ではありません。アグロエコロジー的転換が段階5（**表2-2**）にいたるためには社会変革が必要であり、それは私たちがライフスタイルを変えるだけでなく、社会運動を通じて政治や行政を足元から変えていかなければなりません。日々の暮らしや地域の農林漁業に向き合っている地方自治体は、常にこうした変革の舞台であり、新しいアグロエコロジー的社会をつくる最前線の実践の場です。

謝辞　本章は、日本学術振興会の科学研究費助成事業（基盤研究C）「日欧米における小規模・家族農業によるアグロエコロジーの実践と推進政策に関する実証研究」（24K09116）、および大幸財団2023年度人文・社会科学系学術研究助成「脱炭素化社会におけるアグロエコロジーの実践と政策の展開に関する国際比較研究」（11116）の成果の一部です。ここに記して謝意を表します。

注

1　有機質肥料は油粕、魚粉、骨粉等の肥料であり、堆肥は家畜糞尿、落ち葉、草等を積み重ねて発酵させたものです。

2　本項は、関根（2021a）の一部をもとに再構成しています。

参考文献

・アッチ・G著、野口弥吉訳（１９５８）『農業生態学』朝倉書店。
・Campbell, H. and R. Liepens (2001) Naming Organics: Understanding Organic Standards in New Zealand as a Discursive Field. *Sociologia Ruralis* 41 (1): 21-39.
・DeLonge, M. S., A. Miles, and L. Carlisle (2016) Investing in the transition to sustainable agriculture. *Environmental Science & Policy* 55: 266-73. DOI: 10. 1016/j.envsci.2015. 09. 013.
・E-GOV パブリック・コメント（２０２１）「「みどりの食料システム戦略」中間取りまとめについての意見・情報の募集」の結果について」（https://public-comment.e-gov.go.jp/servlet/Public?CLASSNAME=PCM1040&id=550003303&Mode=1）（２０２１年８月22日参照）。
・European Agroecology Association (2023) Report on New Genomic Techniques: What Are the Implications for the Agroecological Transition? European Agroecology Association.
・European Commission (2017) The Future of Food and Farming. European Commission.
・European Commission (2020) Farm to Fork Strategy: For a fair, healthy and environmentally-friendly food system. European Commission.
・European Commission (2021) List of Potential Agricultural Practices that Eco-Schemes Could Support. European Commission.
・FAO (2018) The 10 Elements of Agroecology: Guiding the Transition to Sustainable Food and Agricultural Systems. FAO.
・Fitzmaurice, C.J. and B.J. Gareau (2016) *Organic Futures: Struggling for Sustainability on the Small Farm*. Yale University Press（＝２０１８、村田武・レイモンド・A・ジュソーム・Jr.監訳『現代アメリカの有機農業とその将来―ニューイングランドの小規模農場―』筑波書房）.
・Gliessman S. R. (2015) *Agroecology: The Ecology of Sustainable Food Systems*, Third Edition. Boca Ratan: Taylor

and Francis Group.（スティーヴン・グリースマン著（２０２３）『アグロエコロジー―持続可能なフードシステムの生態学―』（村本穣司・日鷹一雅・宮浦理恵監訳、アグロエコロジー翻訳グループ訳）農文協）.

・Gliessman, S. R. (2016) Transforming food systems with agroecology, *Agroecology and Sustainable Food Systems* 40: 3, 187-189, DOI: 10. 1080/21683565. 2015. 1130765.

・Guthman, J. (2004) *Agrarian Dreams: the Paradox of Organic Farming in California.* University of California Press.

・原田純孝（２０１５）「フランスの農業・農地政策の新たな展開―『農業、食料及び森林の将来のための法律』の概要―」『土地と農業』（45）：45–65頁。

・ホーケン・ポール編著、江守正多・東出顕子訳（２０２０）『ドローダウン―地球温暖化を逆転させる１００の方法―』山と渓谷社。

・HLPE (2019) *Agroecological and other innovative approaches for sustainable agriculture and food systems that enhance food security and nutrition.* A report by the High Level Panel of Experts on Food Security and Nutrition of the Committee on World Food Security, Rome.

・HLPE (2013) *Investing in Smallholder Agriculture for Food Security.* A report by the High Level Panel of Experts on Food Security and Nutrition of the Committee on World Food Security, Rome（国連世界食料保障委員会専門家ハイレベルパネル著（２０１４）『家族農業が世界の未来を拓く―食料保障のための小規模農業への投資―』（家族農業研究会、農林中金総合研究所共訳）農文協）.

・IAASTD (2009) *Agriculture at a Crossroads: International Assessment of Agricultural Knowledge, Science and Technology for Development.* IAASTD.

・Ministère de l'Agriculture et de la Souveraineté alimentaire (2020) Les formations et diplômes de l'enseignement agricole. Ministère de l'Agriculture et de la Souveraineté alimentaire.

・村本穣司（２００１）「アメリカで見直される小規模農場」『三愛農業レポート』（10）：25–29頁。

・農民運動全国連合会（２０２３）『農民連アグロエコロジー宣言（案）』農民運動全国連合会。
・農林水産省（２０２４）「有機農業をめぐる事情」農林水産省。
・農林水産省（２０２１）「みどりの食料システム戦略」農林水産省。
・農山漁村文化協会編（２０２１）『どう考える？「みどりの食料システム戦略」』農文協ブックレット。
・欧州連合日本政府代表部（２０１９）「ＥＵの共通農業政策の現状と今後の展望」（https://www.EU.emb-japan.go.jp/files/000549223.pdf）（２０２３年2月19日参照）。
・Pretty, J. (2006) *Agroecological Approaches to Agricultural Development. Background Paper for the World Development Report 2008*, RIMISP.
・Pretty, J., A. Noble, D. Bossio, J. Dixon, R. E. Hine, P. Penning de Vries, and J. I. L. Morison (2006) *Resource Conserving Agriculture Increases Yields in Developing Countries*, Environmental Science and Technology 40 (4): 1114-1119. https://doi.org/10.1021/es051670d.
・Rosset P. and M. Altieri (2017) *Agroecology: Science and Politics*. Halifax: Fernwood Publishing（ピーター・ロセット、ミゲル・アルティエリ（２０２０）『アグロエコロジー入門―理論・実践・政治―』（受田宏之監訳、受田千穂訳）明石書店）。
・サンギータ・ジョーダン・久野秀二（２０１１）「有機農業部門の『コンベンショナル化』過程に関する日本とオーストラリアの比較研究」『農業市場研究』20（１）：15-26頁。
・Schutter, O. D. (2014) *Final Report: The transformative potential of the right to food, Report of the Special Rapporteur on the right to food*, United Nations General Assembly.
・関根佳恵（２０２２ａ）「見直される小規模農業②―社会全体で育てる新潮流―ＥＵ、直接支払制度を強化」『日本農業新聞』２０２２年6月20日付。
・関根佳恵（２０２２ｂ）「見直される小規模農業③―規模拡大に〝真のコスト〟―支援に乗り出す米農務省」『日本農業新聞』２０２２年6月27日付。

・関根佳恵（2021a）「小規模・家族農業の優位性―新たな経営指標の構築と農政転換―」『有機農業研究』13（2）：39‐48頁。

・関根佳恵（2021b）「グリーンでスマートな農業？―農と食の持続可能性をめぐる分岐点―」『世界』岩波書店（949）：239‐247頁。

・関根佳恵（2020a）『13歳からの食と農―家族農業が世界を変える―』かもがわ出版。

・関根佳恵（2020b）「持続可能な社会に資する農業経営体とその多面的価値―2040年にむけたシナリオ・プランニングの試み―」『農業経済研究』92（3）：238‐252頁。

・小規模・家族農業ネットワーク・ジャパン（SFFNJ）編（2019）『よくわかる国連の家族農業の10年と小農の権利宣言』農文協。

・ティヴィ・J著、小倉武一訳（1994）『農業生態学』養賢堂。

・The Greens/EFA (2021) *Gene Editing — Myths and Reality: A Guide through the Smokescreen.* The Greens/EFA（印鑰智哉訳2021）「ゲノム編集―神話と現実　煙幕の中のガイドブック―」OKシードプロジェクト。

・The University of Vermont (2023) Agroecology Summit 2023.（https://www.uvm.edu/instituteforagroecology/us-agroecology-summit-2023）（2024年6月16日参照）.

・UN Climate Change (2015) Join the 4/1000 Initiative — Soils for Food Security and Climate.（https://unfccc.int/news/join-the-41000-initiative-soils-for-food-security-and-climate）（2023年2月19日参照）.

・UNCTAD (2013) Trade and Environment Review 2013: Wake Up Before It Is Too Late, Make Agriculture Truly Sustainable Now for Food Security in a Changing Climate UNCTAD.

・UNFSS (2021) The Food System Summit 2021（https://www.un.org/en/food-systems-summit）（2021年8月20日参照）.

・吉田太郎（2010）『地球を救う新世紀農業―アグロエコロジー計画―』ちくまプリマー新書。

用語解説

本書に登場する有機農業や慣行農業等の用語[*1]について、主に法律・制度面から概説します。

有機農業

国連食糧農業機関（FAO）と世界保健機関（WHO）が1963年に設置したコーデックス委員会によると、有機農業とは「生物多様性、生物的循環、及び土壌の生物活性等の農業生態系の健全性を促進し、強化するホリスティック（全体論的）な生産管理体系」と定義されています。農法としてのアグロエコロジーの考え方と、基本的に一致していると考えられます。

こうした国際的定義をふまえながら、日本では「有機農業の推進に関する法律」（通称：有機農業推進法、2006年制定）の下で、有機農業は「化学的に合成された肥料及び農薬を使用しないこと並びに遺伝子組換え技術を利用しないことを基本として、農業生産に由来する環境への負荷をできる限り低減した農業生産の方法を用いて行われる農業」と定義されました。日本では1945年に小谷純一（1910〜2004年）らが有機農業を学ぶ「愛農塾」を設立し（翌年「愛農会」に名称変更）、1971年に一楽照男（1906〜1994年、「有機農業」という言葉の生みの親）が日本有機農業研究会を設立して、産消提携運動が興隆しました。

有機農産物

コーデックス委員会のガイドラインをふまえて、日本では「有機農産物の日本農林規格」（有機JAS規格）の基準に従って生産され、第三者認証を受けた農産物を「有機」「オーガニック」と表示して販売することができます。

有機JAS規格の基準として、（1）化学的に合成された肥料・農薬の使用を避けることを基本として、土壌の性質に由来する農地の生産力を発揮させるとともに、農業生産に由来する環境負荷をできる限り低減した栽培管理方法を採用した圃場において、（2）周辺から使用禁止資材が飛散・流入しないように必要な措置を講じ、（3）播種または植付け前の2年以上、化学肥料・化学農薬を使用せず、（4）遺伝子組換え技術の利用や放射線照射を行わないこと等が定められています。

欧州連合（EU）や米国でも日本と同様に、政府が定める公的有機認証制度があります。有機農産物の第三者認証制度が生み出した帰結については、本書第2章を参照してください。

自然農法

自然農法は、法律による明確な定義や第三者認証制度はなく、提唱者や実践者によって異なる部分があります。自然農法では、自然を尊重し、その働きを引き出すことを基本として、化学肥料・化学農薬を使用せず、耕起や除草を行わない、またはその頻

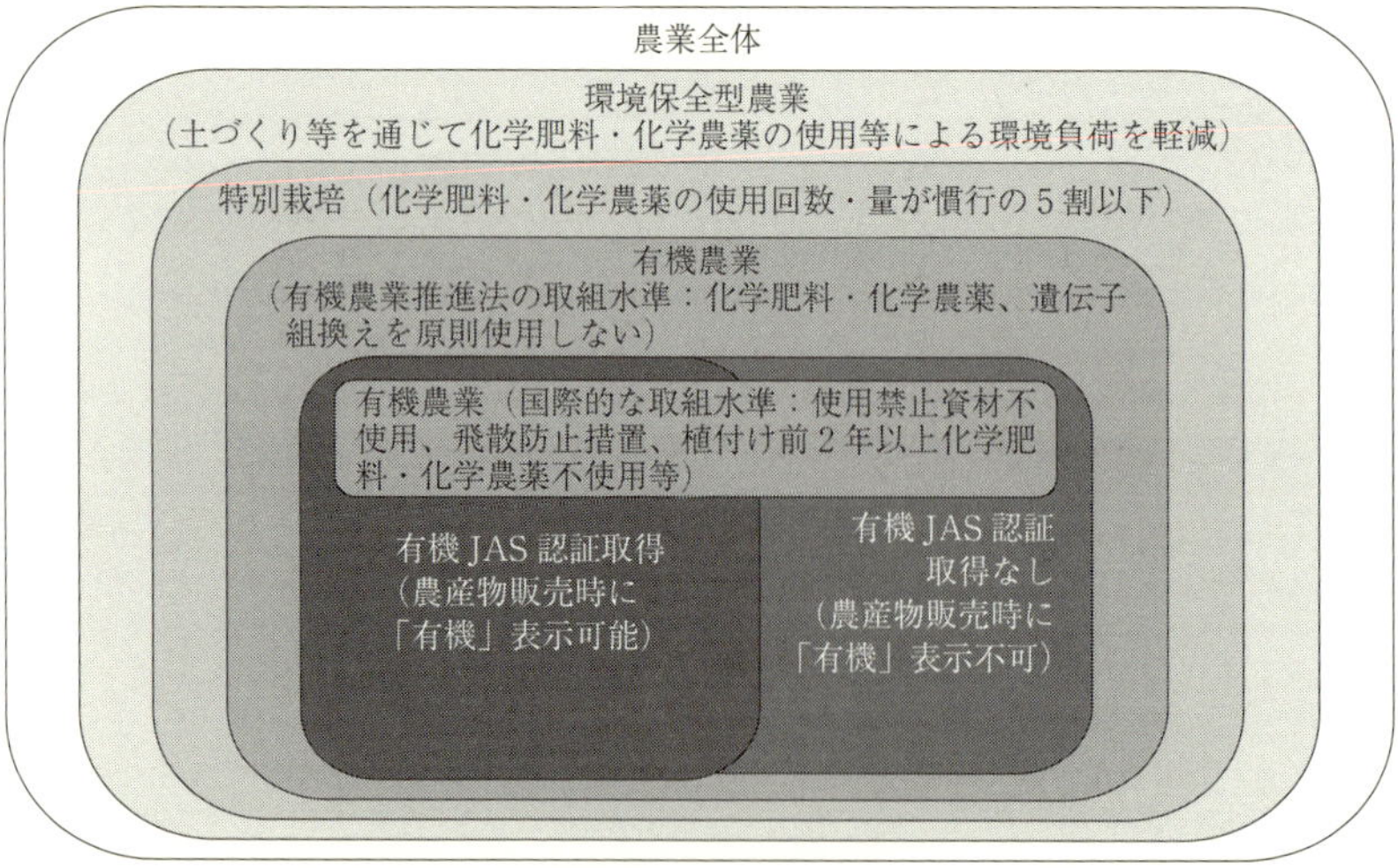

有機農業等の概念図

出所：農林水産省（2024）をもとに筆者作成。

度・程度を抑制して農作物を栽培します。循環や健康な土づくりを重視し、有機ＪＡＳ規格の農産物には使用が認められている有機肥料や家畜排泄物に由来する堆肥、天然由来の農薬を使用しないこともあります。その実践は、農法としてのアグロエコロジーと基本的に一致していると考えられます。著名な提唱者・実践者として、岡田茂吉（１８８２〜１９５５年）、福岡正信（１９１３〜２００８年）、川口由一（１９３９〜２０２３年、自然農）、木村秋則（１９４９年〜、自然栽培）らがいます。

慣行農業

法律による明確な定義や第三者認証制度はありませんが、有機農業等との対比で一般に広く実践されている農業を慣行農業と呼んでいます。慣行農業は、化学肥料・化学農薬、改良品種（遺伝子組換え・ゲノム編集作物を含む）、灌漑、農業機械による耕耘、単作、家畜の工業的飼育等を特徴として、日本や欧米等の経済先進国を中心に、20世紀後半に世界的に普及しました（Gliessman 2015）。近代的農業、工業的農業とも呼びます。

20世紀の食料増産に貢献した半面、生物多様性の喪失や気候変動、環境汚染、食品安全、枯渇性資源である化石燃料に依存する農業が普及したことによる農業生産者の経営不安定化・悪化、機械化による省力化とそれによる農村の過疎化等の深刻な課題を生み出したことから、今日ではその功罪が認識されています。

環境保全型農業

環境保全型農業は、「新しい食料・農業・農村政策の方向」（通称：新政策、１９９２年策定）でその推進が謳われ、「食料・農業・農村基本法」（１９９９年制定）でもその確立が目指されています。

農林水産省環境保全型農業推進本部「環境保全型農業の基本的考え方」（１９９４年）によると、環境保全型農業とは「農業の持つ物質循環機能を生かし、生産性との調和などに留意しつつ、土づくり等を通じて化学肥料、農薬の使用等による環境負荷の軽減に配慮した持続的な農業」です。

環境保全型農業を実践する農業生産者に対しては、２０１１年から環境保全型農業直接支払交付金が、２０１５年からは「農業の有する多面的機能の発揮の促進に関する法律」（通称：多面的機能発揮促進法、２０１４年制定）に基づき、日本型直接支払交付金（多面的機能支払交付金、中山間地域等直接支払交付金、環境保全型農業直接支払交付金）が支給されています。

特別栽培

「特別栽培農産物に係る表示ガイドライン」（１９９２年制定、２００７年改正）によると、特別栽培と表示できる農産物は、「農業の自然循環機能の維持増進を図るため、化学合成された農薬及び肥料の使用を低減することを基本として、土壌の性質に由来する農地の生産力を発揮させるとともに、農業生産に由来する環境への負荷をできる限り低減した栽培方法を採用して生産することを原則」として、「当該農産物の生産過程等における節減対象農薬の使用回数が、慣行レベルの5割以下」かつ「当該農産物の生産過程等において使用される化学肥料の窒素成分量が、慣行レベルの5割以下」の条件を満たしたものを言います。

注

1　用語の中には、国・地域および実践や運動の主体によって定義が異なる場合がありますので、詳しくはそれぞれの分野の専門書等を参照してください。

参考文献

・Gliessman S. R. (2015) Agroecology: The Ecology of Sustainable Food Systems, Third Edition. Boca Ratan: Taylor and Francis Group.（スティーヴン・グリースマン著（2023）『アグロエコロジー―持続可能なフードシステムの生態学―』（村本穣司・日鷹一雅・宮浦理恵監訳、アグロエコロジー翻訳グループ訳）農文協）。
・農林水産省（2024）「有機農業をめぐる事情」農林水産省。

第3章　食と農の危機打開に向けて

―新基本法を問う―

1　はじめに

岸田自公政権は、２０２４年2月27日に「食料・農業・農村基本法」（以下、新基本法）（１９９９年制定）の一部改正案を閣議決定し、国会に送付しました。３月26日から衆議院本会議で本格的な審議が始まりました。[*1] 以下では、農民運動全国連合会（以下、農民連）が２０２３年６月に提案した「新基本法に対する農民連の提言」（以下、「提言」）および23年1月に発表した「農民連アグロエコロジー宣言（案）」[*2]を基本として、今後の日本の農業と農業政策のあり方について述べたいと思います。

2　食料・農業・農村基本法は何をもたらしたか

（1）旧基本法と新基本法の違い

新基本法は、WTO協定に基づき、内外価格差の解消をめざし、市場原理に基づいて価格保障を廃止し、効率化・構造政策を推進する法律です。そして大企業が本格的に農業生産に参入する道を開くものでした。

振り返ると、農業基本法（以下、旧基本法）（1961年制定）は、第1条において、「国の農業に関する政策の目標は、農業及び農業従事者が産業、経済及び社会において果たすべき重要な使命にかんがみて、国民経済の成長発展及び社会生活の進歩向上に即応し、農業の自然的経済的社会的制約による不利を補正し、他産業との生産性の格差が是正されるように農業の生産性が向上すること及び農業従事者が所得を増大して他産業従事者と均衡する生活を営むことを期することができることを目途として、農業の発展と農業従事者の地位の向上を図ることにある」と定めていました。具体的には、第2条で「二　土地及び水の農業上の有効利用及び開発並びに農業技術の向上によって農業の生産性の向上及び農業総生産の増大を図ること」や「五　農業の生産条件、交易条件等に関する不利を補正するように農産物の価格の安定及び農業所得の確保を図ること」を明記していました。

確かに、旧基本法が「選択的拡大」[*3]や、農業の近代化としての「工業的農業」の展開に道を開いたことは、歴史の事実として後世に批判されることとなりましたが、一方で、「農業の自然的経済的社会的制約による不利」や「農業の生産条件、交易条件の不利」を正しく認識し、その克服のために法律という形式での国民合意と国家（政治）の果たすべき責務を定め、再生産可能な価格保障の政策を進めたことは評価されなければなりません。新基本法は、「市場原理」という物差しだけで、この「二つの不利」を無視し、新自由主義政策により、日本農業と農民経営をかつてない困難に陥れました。

（2）新基本法制定に対する農民連の主張

１９９９年の新基本法制定前夜、農民連は当時の情勢をふまえて、１９９８年12月に第11回全国大会決議案を発表し、新基本法の本質を農産物輸入の「完全自由化を実施するための新農基法（新基本法）は破綻する」と断言しています。

さらに、同決議案で農民連は、食料自給率（以下、自給率）向上のためには農民が外国に負けない安い農産物を作るか、消費者が食生活を改めるしかなく、政府に責任はないという開き直りの態度を政府が変えないで、自給率の数値目標を立てること自体が無責任きわまりないと指摘しました。

さらに、新基本法の柱は、「米まで自由化し内外価格差の解消をめざし、『市場原理』に基づいて価格保障を廃止し、効率化・構造政策を推進するもの」であり、中小農民切り捨てに拍車をかけるばかりでなく、大規模農業経営の前途も厳しいことを指摘し、「農家をつぶして、自給率向上の目標が達成できるわけがありません」「家族農業経営の発展のために多様な担い手を育成することこそ国民の食糧と日本農業を守る道であり、株式会社の農地支配と農業生産への参入は、国民の食糧と日本農業に破綻をもたらすものでしかありません」として、企業の農業支配が進めば、輸入農産物は激増し、中身はどんなに危険であっても表示はなく、危険な食品の流通を助長することを指摘しました。[*4]

そして、農民連は「日本の食と農の再生に役立つ新基本法」を求めるとして、次の4項目を要求しました。

① ＷＴＯ協定（総輸入自由化）を前提にせず、政府が責任をもつ立場を明確にしたうえで自給率向上の数値目標を明確にし、その裏付けとなる価格保障の充実をはかること。市場原理・経済効率優先の考え方を根本的に改めること。

② 「新政策」[*5]の規模拡大一点張りの構造政策の破綻を認め、経営の大小を問わず、専業兼業の分けへだてなく営農が成り立つ政策に改めること。

③ 株式会社の農地取得や農業への参入を認めず、家族経営を守ることを出発点におき、多様な担い手を育てる政策を強化すること。

④ 自給率を引き上げ、環境や国土を守るために、中山間地域の農業を維持する立場にたって、条件をせばめず、所得補償をすること。

（3） 農民連の「新基本法への提言」発表の背景

いま、世界は戦後最悪の食と農の危機に直面しています。日本でもすでに食の危機は深刻です。新自由主義経済の下で、貧困と格差が拡大し、30年に及ぶ実質賃金の低下で、「食べたくても食べられない」人々は増加し、民間の食料支援参加者は増え続けています。

2021年12月の内閣府の調査では、「食料が買えなかった経験がある」世帯は全世帯の11％、低収入世帯の38％、母子家庭の32％に及び、「バランスのとれた食事がとれない」世帯は低所得世帯の4割、「食材を選んで買う経済的余裕がなくなった」世帯が低所得世帯の3割を占めています（内閣府2021）。子ども食堂は9131か所（2023年）と増え、全国の公立中学校と義務教育学校[*6]の数を合わせた9296か所とほぼ並ぶ結果となり、事実上の「第二の給食」になっています。[*7]

その結果、日本は国連食糧農業機関（FAO）公認の飢餓国に認定（ハンガーマップ2020～2022年版における栄養不足人口比率2・5～4・9％の国にランク付け）されています。全人口に占める食料不安の状態にある人口が、2018年までは2・5％未満、2019～21年は2・7％、2020～22年は3・2％（3年の平均値）にも上っています。この最大の原因は、欧米では当たり前の国による食料支援制度そのものがないまま、放置されているからです。

新型コロナウイルスが蔓延した2020～21年の生産者米価は大暴落しました。その原因は、国民一人当たり米消費量が年間2・5kgの激減したこと（リーマンショック時以来の大きな落ち込み）によって、国全体で20万トンの米消費の減少が発生し、これが余っている「過剰米」と見なされて生産者米価が流通業者に買いたたかれたからです。しかし、この米は余っていたのではなく、買いたくても買えずに食べられなかったために「過剰」となったものです。農民連は、「過剰米」を政府が正当な価格で買い上げて、食料支援に回せと要求しました。しかし、農林水産省（以下、農水省）は雀の涙ほどの米をフードバンクなどに提供したにすぎません。

アメリカでは低所得者向けにＳＮＡＰという食料購入支援制度があります。食料購入カードで所得に応じて月７万円（２人世帯）まで食品を購入でき、代金は自動的に受給者のＳＮＡＰ口座から引き落とされます。４２００万人、国民の８人に１人が受給し、ＣＳＡ[*8]での使用も可能で有機農産物の購入も可能です。２０２３年現在、年間31兆円に及ぶ米国の農業予算の６割（16・４兆円）がＳＮＡＰの食料購入支援に充てられています（全国農業協同組合中央会２０２４）。

鈴木宣弘東京大学教授（当時）は２０２３年７月８日、日本農業市場学会の大会シンポジウムで「これによって農産物需要が拡大され、農家の販売価格も維持される。ＳＮＡＰ政策の投資効率は１・８で、ＳＮＡＰを10億ドル増やせば社会全体の純利益が18億ドル増え、うち３億ドルが農業生産サイドへの効果と推定されている」と報告しています。

（４）農民連の「新基本法への提言」

農民連は、２０２３年６月に「提言」を発表しました。１９６１年制定の旧基本法以来の「基本法農政」は、日本の食と農をかつてない危機に陥れています。農地面積も農業生産者も大きく減少し、輸入された種子・肥料・飼料・農業資材に大きく依存する脆弱な日本農業の姿が浮き彫りになり、自給率38％（カロリーベース、2021年）は日本の食料供給が「砂上の楼閣」であることを示していることから、国民の不安が広がっています。

「提言」の一番のポイントは、新基本法制定以来の25年間の検証をしただけでなく、1961年の旧基本法から始まる「アメリカ・財界言いなり」の農業つぶしを告発し、基本法農政60年余の根本的な検証と反省が必要であるとしたことです。

政府が「食料安全保障のために新基本法見直しを」というのであれば、「旧基本法以来60年余の総輸入自由化と、80年代からの新自由主義政策」の根本的な検証は避けて通れません。そのなかで、最も問われなければならないのは、食と農の危機に直面する中で、国内での食料増産と自給率向上で住民の命と食をまもるのか、それとも自給率を低下させたまま、戦争する国づくりで、飢餓への道へ突き進むのかです。新基本法見直しでは、第一に、国産農産物の生産を増加させ自給率を向上させることを明記し、国内に住むすべての人に対する必要な食料の安定供給の確保を掲げなければなりません。

農産物貿易は、あくまで国内農業と食料供給システムの持続的発展を補完するものにすぎず、過度な輸入依存を強いる多国籍企業の食料支配やアメリカ言いなりの輸入政策から脱却する食料政策への転換が求められます。

「提言」の第二のポイントは、国内農業の再生と食料増産は、その地域の条件を生かし地域資源も有効に活用する方向でなければならないとし、その方向はアグロエコロジーであることを示したことです。

アグロエコロジーとは、「agro」（農業）と「ecology」（生態学）を合わせた言葉で，生態系のなかで営む農業本来のあり方です（詳しくは、本書第2章参照）。生態系の力を借りて農畜産業をすることで環境を破壊せず、持続性・永続性をめざすものです。農業生産の方向だけでなく、「生態系を守り、その力を活用する農と食を作る運動」（新聞農民２０２１）です。ミゲル・アルティエリ（カリフォルニア大学アグロエコロジー学名誉教授）は、「生態系の営みの力を借りて営まれる農業に関する科学であり、その実践であり、そのための社会運動」と定義しています。

基本法農政が一貫して追求してきた「規模拡大・法人化」は、単一栽培（モノカルチャー）による工業的農業・畜産を拡大し、地域の生態系の破壊や様々な環境問題をもたらしました。この現状を転換し、地域の生態系の力を生かし、家族農業経営の安定を支援し、多様な担い手による多様な農畜産物の生産を通じて、資源の地域内循環をはかり、持続的発展の可能な農畜産業、つまり、世界の潮流であるアグロエコロジー（生態系を活用した持続可能な農業）を取り入れることを提案しています。

3　新基本法の改定案はどこが問題なのか

新基本法の改定案は、新設条文が13か所あり、全体では現行の43条から56条に増え、新設項が8

か所あります。これに食料供給困難事態対策法案とスマート農業促進法案等の関連法案がセットで２０２４年通常国会に提出されており、「改正」というよりは、新しい基本法の制定といえるでしょう。

（１）国民の食料供給の「安全保障」とは全く逆の自己責任論

改定案は、食料安全保障が大きな柱になっていますが、中身は食料確保を自己責任として明記しています。

２０２３年6月2日、官邸の食料安定供給・農林水産業基盤強化本部は「食料・農業・農村政策の新たな展開方向」として、第一に「食料安全保障の在り方（１）平時からの国民一人一人の食料安全保障の確立」を掲げ、「食料安全保障について、ＦＡＯなどでは、国全体で必要な食料を確保するというだけでなく、国民一人一人にまで行き渡るようなものとされている中で、こうした国際的な定義も参考に、食料安全保障について、平時にも、国民一人一人が食料にアクセスでき、健康な食生活を享受できるようにすることを含むものへと再整理する」と述べていました。

ところが、同年12月27日には、同本部の「食料・農業・農村基本法の改正の方向性について」では、「基本理念において、食料安全保障を柱として位置付け、全体としての食料の確保（食料の安定供給）に加えて、国民一人一人がこれを入手できるようにすることを含むものへと再整理する」と変わりました。

そして、改正条文は、第2条1項で食料安全保障を次のように定義しました。「良質な食料が合理的な価格で安定的に供給され、かつ、国民一人一人がこれを入手できる状態をいう」と「合理的な価格で」が挿入されています。条文中の格助詞「が」は、後に続く文が前の主体の動作・状態などを示すという意味を加えたい時に主体に接続させます。ＦＡＯがめざす「一人一人にまで行き渡るようなもの」とは全く逆の意味だといわなければなりません。

改めてＦＡＯのフードセキュリティ（食料保障）について述べると、２００９年に「①全ての人が、②いかなる時にも、活動的で健康的な生活に必要な食生活上のニーズと嗜好を満たすために、③十分で安全かつ栄養ある食料を、④物理的、社会的及び経済的にも入手可能であるときに達成される状況」と定義されました。１９８３年の「経済的、物理的接近性の重視」のみならず、「社会的接近性」の視点も重視し、量的な確保だけではなく、質的にも「安全かつ栄養ある食料が入手可能でなければならない」としています。これは「食料への権利」という基本的人権保障の概念であり、世界から飢餓をなくすことはＳＤＧｓの第2番目の目標になっています。

新基本法の「食料の安定供給の確保」は、改定案では「食料安全保障の確保」に変わり、「食料は…供給されなければならない」ものから、「食料については、…食料安全保障の確保が図られなければならない」（傍点―著者）ものとなりました。

ＦＡＯの規定する「全ての人が」は、「一人一人が」に変えられ、「いかなる時にも」は「平時にも」に変えられています。日本では「フードセキュリティ」（食料保障）を「食料安全保障」と言い換え、「国家安全保障」の一構成部分として、軍事的色彩の強いものとして位置付けられているのが特徴です。

同時に、法律に「一人一人が」という用語を使用した例として、２００６年改正の教育基本法の第３条生涯学習の項があります。それまでの公的な社会教育を否定し、生涯学習を市場化し、新自由主義を持ち込んだ例として記憶されています。つまり、「一人一人が」は新自由主義の自己責任論を表現する常套句であるといわざるを得ません。

（2）食料自給率の目標は「向上」をめざすものでも「指針」でもなくなる！

新基本法は、自給率向上のために、「自給率向上を旨として」食料・農業・農村基本計画（以下、基本計画）を定めるとしています。しかし、基本計画は閣議決定にとどまり、制定以来一度も自給率の目標は達成できていません。その検証をせずに法改定の議論はできません。

農民連は「自給率目標を定める基本計画を国会承認制とし、自給率向上を政府の法的義務とし、「年度ごとに成果について国会の審議・承認を得る」と法律に書き込むよう提案し、署名運動を進めています。

新基本法「第15条　2　基本計画は、次に掲げる事項について定めるものとする。（一）食料、農業及び農村に関する施策についての基本的な方針　（二）食料自給率の目標　3　前項第二号に掲げる食料自給率の目標は、その向上を図ることを旨とし、国内の農業生産及び食料消費に関する指針」（傍点―著者）とされていました。

改定案は、次のように自給率目標を「その他」の項目と一緒の「一指標」にすぎないものに格下げし、事実上、自給率向上の概念を否定しています。

「第17条　2　基本計画は、次に掲げる事項について定めるものとする。（一）食料、農業及び農村に関する施策についての基本的な方針　（二）食料安全保障の動向に関する事項　（三）食料自給率その他の食料安全保障の確保に関する事項の目標　3　前項第三号の目標は、食料自給率の向上その他の食料安全保障の確保に関する事項の改善が図られるよう、農業者その他の関係者が取り組むべき課題を明らかにして定めるものとする」（傍点―著者）。

ローマ法以来の「後法優越の原理」（後法は前法を破るという原則）によれば、「食料自給率」の言葉は残ってはいますが、複数目標のうちの一つに格下げされたうえに、その向上や目標達成をめざすことなく、「改善」すればよいだけになっています。さらに、「国内の農業生産及び食料消費に関する指針として」の条文も削除され、生産と消費の「指針」（傍点―著者）でもなくなりました。

①　日本農業を守るたたかいで定着した食料自給率

ＷＴＯ協定に基づく新基本法は、それまでの国内農業の保護を全面的に否定するものであり、国民への食料確保に対する国家の責任を放棄するものでした。しかし、新基本法のなかの「食料自給率目標」と「その向上を旨とし」という文言は、国民のたたかいを背景に国会審議の中で修正して押し込んだものです。1997年に全国農業協同組合中央会（以下、全中）は1000万人署名運動を展開し、1999年には農民連も座り込みなどの全国行動を展開しました。

もともと、カロリーベースの食料自給率指標は日本の農業を守るたたかいで定着したものです。農水省は1980年の農業白書で食用農産物の生産額ベース総合自給率（米の需給均衡を前提とした場合）を72％（2024年現在、77％に修正）と発表しました。

1984年9月の中曽根・レーガン会談、「日米諮問委員会」報告、農産物の市場開放約束、さらに1986年4月前川レポート[*9]、同年11月「21世紀に向けての農政の基本方向」と、立て続けに農産物の市場開放の動きが進む中、農水省は1987年にカロリーベース総合自給率を初めて発表し、その時は「西ドイツ8割、イギリス7割に比べ日本は5割に過ぎず」という概数的な表記でした。

一方で、1987年は全国農村映画協会が全国消費者団体連絡会と企画協力した映画『それでもあなたは食べますか』の上映運動が全国で展開され、輸入農産物の実態をみる港湾見学会が盛んにおこなわれました。野放し状態の輸入農産物の実態、食品添加物・残留農薬が含まれる輸入食品が食卓に毎日に溢れることの恐ろしさを国民が共有し、大きな世論が沸き起こりました。

農水省は1988年に、1970～87年のカロリーベース総合自給率を発表し、1987年は49％（2024年現在、50％に修正）という数字で50％を割っていることが明らかになりました。

日本は1991年に牛肉・オレンジの輸入自由化を受け入れましたが、1993年には大冷害による米不足で外国米緊急輸入が行われました。その年末に細川護熙内閣が米の輸入自由化の受け入れを表明し、１９９４年にＷＴＯ協定反対の国民的な大運動が沸き起こりました。こうした中で、農政審議会で旧基本法の見直しが始まりました。当初の議論では「食料自給率目標」を法律に明記すること自体、反対論が多かったのですが、国民運動の高まりの中で、最終答申では逆転し、農水省原案に「食料自給率目標」が明記されることになったのです。

② 食料自給率向上に背を向けてきた自民党政権

なぜ、自民党政権は一貫して食料自給率向上に背を向けてきたのでしょうか。

財政制度等審議会の「建議」をみると、２００８年11月には「いたずらに財政負担に依存した生産面での助成措置等により自給率の向上を図るのではなく、消費者の選択の結果として国内農産物に対する消費量の増加」により、自給率は向上させるべきだとし、さらに２０１４年12月の「建議」でも「もとより、カロリーベースの食料自給率は、肉類や油脂類の摂取量の増加など消費者の選好に大きく左右されるものであり財政負担を伴う生産面での助成措置等に依存することは妥当ではない」とさえ攻撃しています。

ところが、会計検査院は、自給率目標未達成の要因を検証し、政策に反映させることを農水省に要求しています。２０２３年11月７日「令和４年度決算検査報告の特徴的な案件」として、総合食料自給率等の指標の検証について「目標年度において目標を達成していなかった場合の要因分析をするなどの検証は行われていなかった」ときびしく指摘しました。

新基本法の改定案は2024年2月27日に閣議決定され、3月26日から通常国会で本格的な論戦が始まりました。坂本哲志農水大臣は3月15日の会見で「食料自給率という単独の目標のみでは評価できない課題がある」と発言し、岸田首相は3月26日の衆議院本会議で「食料自給率単独では評価できない」と答弁しています。4月2日、衆議院の農林水産委員会で改定案の審議が始まり、日本共産党の田村貴昭議員が坂本農水大臣に何度も質問し、38％まで落ち込んだ食料自給率を「引き上げる」と明言できないのかと迫りましたが、坂本農水大臣は「自給率が確実に上がると言い切ることは困難」と答弁しています（日本農業新聞、2024年4月3日付）。

2022年11月の財政制度等審議会の「建議」では、「今後の食料安全保障の議論が、輸入に依存している品目等の国産化による自給率の向上や、備蓄強化に主眼が置かれることには疑問を抱かざるを得ない。（略）食料自給率や備蓄の強化が殊更に強調された議論にならないよう十分に注意しなければならない。（略）どのような不測時に、最低限度必要となる食料、肥料、飼料、エネルギー資源等として、何をどの程度確保する必要があるか、また、平時にどの程度国内で生産・確保されるべきか、比較優位の原則や優先順位も考慮しながら冷静に検討（略）。食料安全保障に対する国民の関心の高まりは、これまでの農業政策を見直す絶好の表明機会でもある」と述べ、食料自給率は最低限に抑え、惨事便乗型の日本農業つぶしをあからさまにしています。

(3) 食料の安定供給は、国内の増産ではなく、さらなる輸入の拡大で穴埋め

新基本法は、「第2条　2　国民に対する食料の安定的な供給については、世界の食料の需給及び貿易が不安定な要素を有していることにかんがみ、国内の農業生産の増大を図ることを基本とし、これと輸入及び備蓄とを適切に組み合わせて」としています。

ところが、改定案では「これ（国内の農業生産の増大）と併せて安定的な輸入及び備蓄の確保を図ること」とされ、輸入の前にわざわざ「安定的」を挿入し、「適切に組み合わせて」は削除しました。輸入をさらに拡大するため、新設第21条で、輸入相手国への投資の促進が明記されました。「国は、国内生産だけでは需要を満たすことができない農産物の安定的な輸入を確保するため、国と民間との連携による輸入の相手国の多様化、輸入の相手国への投資の促進その他必要な施策を講ずる」とし、一層の輸入に拍車をかけるだけでなく、相手国の農業開発への支援、港湾や倉庫、物流支援まで行おうとしています。

さらに、国内で輸出用農産物を増産することによって生産基盤を維持することを打ち出しました。第2条4項は、「国民に対する食料の安定的な供給に当たっては、国内への食料の供給に加え、海外への輸出を図ることで、農業及び食品産業の発展を通じた食料の供給能力の維持が図られなければならない」とし、新設第22条で農産物の輸出の促進を明記しました。

これは、財政制度等審議会が、2019年11月に成長産業化・農産物輸出による「農業先進国」構想を打ち出し、2021年12月には、「輸出拡大によって農業の成長産業化を図りつつ、食料自給

率を高めていくことは食料安全保障の観点からも重要」と強調していることを受けてのものです。

いざという時は「輸出用農産物を食べればよい」という究極の「無責任」論です。輸入農産物の総額は13兆円、輸出は1兆円（2023年）で、しかも輸出食料品の多くは加工品で、材料は輸入農産物を使用していますから、あまりにも現実離れしています。

（4）農民の激減を前提に、農民のいないロボット農業・スマート農業を推進、家族農業は軽視

2023年12月27日の官邸本部決定では、「今後20年間で、農の担い手は現在の約4分の1（120万人→30万人）に減少し、農業の持続的な発展や食料の安定供給を確保できない」といいながら、新規就農支援という言葉は一切ありません。代わって「スマート農業を振興する新たな法的枠組みの創設」により、ロボットやドローン、AIを使って「生産性」を上げる「スマート農業促進法案」で乗り切る方針です。危機感が全くありません。

EUの農民の年齢構成は20～40代が5～6割を占めています（2023年）（農林水産省2024）。しかし、これでもヨーロッパ農業の安定的発展は保証されないとして、青年就農支援をさらに本格化させています。日本は50代以下の基幹的農業従事者は全体の20％、23・8万人です（2023年）（農林水産省2024）。一方、80歳以上の農業従事者は17・3％、23・6万人、75～79歳は14・4％、19・6万人です（2020年農林業センサス）。いま対策をとらなければ、農業の担い手の急減による国内農業生産の縮小は深刻な事態を迎え、さらに輸入の拡大という悪循環に陥ります。

① 中小・家族経営は「それ以外」、農業生産の主人公から除外

新基本法のもとで決定された2020年閣議決定の基本計画では、中小・家族経営などの多様な経営体の育成・支援を位置づけ、少し前進しました。

「中小・家族経営など多様な経営体は、持続的に農業生産を行うとともに、地域社会の維持の面でも担い手とともに重要な役割を果たしている実態を踏まえた営農の継続がはかられる必要がある」「経営規模や家族・法人など経営形態の別にかかわらず、経営発展の段階や、中山間地域等の地理的条件、生産品目の特性などに応じ、経営改善を目指す農業者を幅広く担い手として育成・支援する」。

ところが、改定案は第26条で従来通りの「効率的かつ安定的な農業を営む者」が望ましい農業構造としました。第27条で「もっぱら農業を営む者による農業経営の展開」で家族農業経営が触れられていますが、新基本法と比べると新たな評価も変化も全くありません。

農水省の農政審議会に設置された新基本法検証部会（以下、検証部会）が発表した「中間とりまとめ」（2023年5月）では、「農業を副業的に営む経営体や自給的農家、多様な農業人材」も「農業生産に一定の役割を果たしている」と記載していたにもかかわらず、改定案では「それ以外の多様な農業者」と記述され、「それ以外」の扱いです。それも地域の農業の持続性のために「農業生産基盤である農地の確保」が図られるよう「配慮」される対象であって、依然として農業生産の主人公

の扱いからは除外されています。

② **農業生産には家族経営が最もふさわしい**

検証部会の「中間とりまとめ」は、「家族経営に多くみられる個人経営は、家計と経営が分離されていない」「持続性に課題」などと家族農業を攻撃し、「個人の農業経営体が減少する中、比較的規模拡大を進めやすい法人経営体」に「離農する経営の農地の受け皿としての役割」を押し付けています。あくまで規模拡大と法人化に固執し、各地で解散や経営に行き詰まる集落営農や農業法人、大規模経営の実態を無視しています。

「効率的かつ安定的な農業」は、大規模な法人経営しかないという時代遅れの固定的な、教条主義の呪縛から脱皮するかけらもありません。

いま、全世界が力を入れて取り組んでいる国連「家族農業の10年」の意義と重要性には全く触れず、2020年閣議決定の基本計画に盛り込まれた家族農業を基本とした「多様な担い手」論からも大きく後退しています。日本はこの「家族農業の10年」の提案国に名を連ねているにもかかわらずです。

持続可能な農業のための重要な指標である「エネルギー生産性」や「土地生産性」、気候変動対応能力からみると、農業生産には家族農業が最もふさわしいことを明確に位置付けなければなりません。EUは共通農業政策で、それまでの専業・大規模農家の形成から、「兼業」を再定義し、農業世帯レベルでの「多重就業農家」の重要性を認識し、小規模・家族農業への支援を強めています。

家族農業は、自然生態系、環境、社会性を大事にする生命原理に基づいて行動し、経営の重点は家族の暮らしとその基盤となる地域を大切にするため、農業に不可欠な水と土と森、自然と生態系を守ることができます。一方、工業的大規模農業は利潤原理で経営され、利潤の極大化をめざし地域からの遊離や生態系・環境破壊を繰り返してきました。

家族農業の家計と経営の統一は、気候変動や価格変動のリスクに対し家族内部での労働、所得、財産を柔軟に伸縮、融通することで危機に対応でき、家族経営の柔軟性や強靭性を支えています。自然相手に一年間生産するからこそ、多くの労働力を必要とする農繁期と比較的少ない労働力で済む農閑期のサイクルがあります。労働の過重と余剰のサイクルに柔軟に対応して営農と農外収入で家計を支えていくことができるのです。

２０２０年農業センサスでは、総農家数は１７４万７千戸あり、そのうち自給的農家は71万９千戸（41％）を占め、地域農業の維持に大きな役割を果たしています。その意味では、小規模・家族農業を敵視さえしてきた60年間にわたる農業構造改革路線の破綻は明白です。専業化し大規模化しなければ生き残れない農業政策を実施した結果、逆に大規模農業経営は農業法人の倒産や離農などの存続の危機に直面しています。こうした大規模な担い手の集落営農や農業法人が行き詰まると、地域農業そのものが一挙に崩壊してしまいます。法人化・大規模化が進んだことで、逆に地域農業の脆弱性を生み出しています。

２０２１年9月に開催された国連の「食料システム・サミット」を前にして、日本でも「みどりの食料システム戦略」（２０２１年5月）があわてて策定されました。同戦略は、２０５０年までに農地の25％（１００万ha）を有機農業に転換することをめざしています。しかし、新基本法の改定案には「有機農業」の言葉はありません。新設された第38条の「先端的な技術等を活用した生産性の向上」や第31条「農産物の付加価値の向上」などの新設項目は、大企業の儲けに直結する部分を国が責任を持って進めると明記したものといえます。

（5） 戦争する国づくりへ、食料有事の措置（第24条）および「食料供給困難事態対策法」

第二次世界大戦後の日本の再軍備は、日米相互防衛援助協定（ＭＳＡ協定、１９５４年締結）とともに始まりました。米国の小麦などの余剰農産物の無償提供を受け、これを国民に売却し、その代金で米国から武器を買い、警察予備隊（現在の自衛隊）が作られました。しかし、戦後の平和運動と国民の平和意識によって、軍事費はＧＤＰ比１％を上限とする枠を設定し、歯止めをかけてきました。１９８７年から3年連続で１％を突破しましたが、その後は再び１％以内に抑制され、農業予算は１９８０年には3・7兆円、軍事費は2・6兆円と農業予算の6割でした。

ところが、２０１２年12月、第2次安倍政権の発足以降、事態は急変します。安倍・菅・岸田政権のもとで軍事費は5・3兆円（２０２０年）から7・9兆円（２０２４年）に増加し、一方、農業予算は１９８０年の3・7兆円から1・4兆円も削られて2・3兆円（２０２４年予算）にとどまり、軍事費は農水予算の3・4倍にも膨れ上がりました。

岸田政権は、対米約束をした大軍拡を進めて、雪だるま式に防衛費の膨張を加速させています。2022年12月16日に「安保3文書」(「国家安全保障戦略」「国家防衛戦略」「防衛力整備計画」)を閣議決定し、「戦後のわが国の安全保障政策を実践面から大きく転換」し、「戦争する国」へ突き進んでいます。「台湾有事」を念頭に「敵基地攻撃能力」を保有し、北大西洋条約機構(NATO)との同盟をにらんでGDP比2%水準の防衛費を掲げ、2027年度までの5年間で2倍に増額することをめざしています。これが実現すれば、日本はアメリカ、中国に次ぐ世界3位の軍事費大国になります。

「安保三文書」の「国家安全保障戦略」に食料安全保障も位置付けられ、「我が国の食料安全保障の強化を図る。国際的な食料安全保障の危機に対応するために、同盟国・同志国や国際機関等と連携しつつ、食料供給に関する国際環境の整備」をすると明記され、国民のための食料の安全保障というより、国家防衛戦略の一環とされています。いわゆる、戦争遂行の三点セット「兵隊・兵器・兵糧(食糧)」の一部としての「食料安全保障」です。

野村哲雄農相(当時)は、2023年5月23日の記者会見で「基本法見直しの最大のポイントは不測事態だ。先んじて法律を制定することが必要だ」と食料の有事立法制定を公言しました。新基本法第19条に基づく「緊急事態食料安全保障指針」(2021年策定)は、既存の法令を動員して農家に対する供出命令や花・飼料作物・野菜・果樹からの作付け転換、温室栽培への石油供給制限の実施など、事細かに枠組みが定められています。しかも、これは農水省単独の決定ではなく、内閣官房、外務省、防衛省など10府省協議会の合意のもとに決定されています。

新基本法では対応が不十分だとして、新基本法第19条は改定案第24条「不測時における措置」に変更されました。輸入減少、凶作などにより食料の供給が不足する事態の発生を「できる限り回避し」「支障が最小となるよう」に、「備蓄食料の供給、食料の輸入拡大その他必要な措置」を講ずるとされ、不測時でもさらに輸入を増やすとしています。さらに、第2項では「国民生活の安定及び国民経済に著しい支障」が生じる事態には、カロリー重視の生産転換（イモ、米）を生産者に要請・指示し、流通の制限（統制・配給）を行うとしています。改定前の新基本法では食料統制を行う上で法的根拠にならないとして、新基本法改定とセットで「食料供給困難事態対策法」を上程し、総理大臣を本部長とする政府の対策本部設置や、政府の指示に従わなかった農業者などに20万円以下の罰金を科すことを明記しました。日本共産党の田村貴昭議員は、「1941年に作られた国家総動員法に基づく農地作付け統制令・臨時農地等管理令にうり二つだ」（2024年3月26日）と指摘しています。

これらの法律は、不測時に国民の権利を制約するトリガー（引き金）＝「緊急事態宣言」の発出に法的根拠を与えるための法律整備です。農水省が参考にしたイギリスの「民間緊急事態法」（2004年）は、行政による宣言（トリガー条項）を明確化し、緊急事態には国会を停止し、政府に大幅な権限を一時的に与える「国家緊急権」を定めました。

政府のねらいは、まず簡単な法的枠組みを作って、次は正真正銘の「戦時食料法」へ改正を重ねていくことだと思われます。しかし、絶対的な食料不足を引き起こす最大の原因は戦争です。戦時食料法を必要とする戦争を起こさない平和外交こそ、政府として最優先でやるべきことです。

第二次大戦中の非常事態のもとで戦時食糧法があっても、国民には食料が行き渡りませんでした。戦後の食料難のもとでは緊急勅令「食糧緊急措置令」（１９４６年）が定められ、五年以下の懲役又は五万円以下の罰金刑で農家を脅し、食料の強制供出が強行されました。それでも国民に食料が十分に届くことはありませんでした。食料有事（戦時）立法は農家の生産意欲を減退させ、有害で不必要なものです。「有事に増産命令」ではなく、自給率向上をめざす政策の拡充で安心できる食料の確保をすべきです。

（６）国会への報告義務から逃避し、農業・食料政策の公正性が欠落

旧基本法は「年次報告」について、「第６条　政府は、毎年、国会に、農業の動向及び政府が農業に関して講じた施策に関する報告を提出しなければならない。２　前項の報告には、農業の生産性及び農業従事者の生活水準の動向並びにこれらについての政府の所見が含まれていなければならない。３　第一項の報告の基礎となる統計の利用及び前項の政府の所見については、農政審議会の意見をきかなければならない」としていました。

新基本法も、ほぼこれを踏襲しています。しかし、旧基本法では農政審議会は総理府に置かれ、委

員は総理大臣が任名したのに対し、新基本法の下で農政審議会は農水省に設置され、委員は農水大臣が任命するものへと格下げされました。

さらに、改定案は、新基本法の食料の安定的な供給に関する第6条2項、3項を削除し、第17条7項を新設し、第6条の報告をインターネットなどでの公表で済ませることにしています。[*10] これでは、公表内容は政府の思いのままです。「毎年一回検証」を明記したことを前進したように評価する報道も見受けられますが、検証結果が国会に報告され審議の対象にされることがなければ、「国民的な検証」を受けたとはいえません。

それは、1961年池田勇人内閣のもとで行われた旧基本法の審議での政府委員の説明をみれば、より明確です。当時の政府は「年次報告」に対して、公正な行政を貫くための誠実な感覚を持って処していました。新基本法の改定案は行政の姿勢として後退であり、退廃ともいえる改変です。

◆旧基本法の国会議事録から

（昭和三十六年二月二十八日、答弁者は大澤融農林大臣官房審議官）。

「年次報告は、次年度の政府の施策の基礎となるきわめて重要なものでありますので、それにおける統計の利用及びこれに基づく政府の所見につきましては、専門的事項にわたるのみならず、公正を期する要もありますので、特に農政審議会の意見を聞くこととし、その旨を第三項に規定しております。次に、第七条では、政府は毎年国会にこの報告によって示された農業の動向を考慮して講じようとする施策を明らかにする文書を提出しなければならないこととしております。これによって農業に関する政策が目標に照らして適正に行なわれることを期しているのであります。

本法に基づいて各般の施策を講ずるにあたりましては、政府は責任を持って事に当たるべきことは申すまでもないのでありますが、そのうちには、政府だけの判断で進めるのではなく、学識経験者の意見を徴し、その調査審議の結果を取り入れて施策を講じていくことが必要なものでありますので、そのため農政審議会を設けることといたしました」「農政審議会は、これらの事項に関しまして自主的に内閣総理大臣または関係各大臣に意見を述べることができるものとする規定を設けております。このような農政審議会の役割にかんがみまして、これを総理府に設置することといたし委員は内閣総理大臣が任命することといたしております」。

（7） 価格転嫁・価格保障・所得補償（直接支払）

近年の米と酪農の経営危機で明らかになった、コストを償う価格保障の実現と所得補償の充実は、最も切実な課題です。新基本法は「価格により農民の所得確保をはかる」ことを重視した旧基本法の文言をバッサリ削り、「価格は市場に任せ、所得は政策に委ねる」という新自由主義政策を宣言しました。「政策に委ねた」はずの所得補償は、きわめて貧弱なままです。民主党政権下の戸別所得補償の2010年からの導入によって一定の充実がはかられましたが、自民・公明党連立政権の復活によって2013年に廃止され、逆戻りしました。

その結果、コロナ禍や生産資材価格高騰のもとで、農家は農業所得の異常な低下に直面しており、サラリーマンとの所得＝賃金の格差は拡大し、稲作の時間当たり農業所得は10円（2021〜22年）と信じがたい実態になっています（農林水産省2024）。こうした状況下で農産物の再生産を保障するために他産業並みの労賃をコストに組み込んだら、消費者には手の出せない食料価格になります。直接所得補償＋農産物販売による農業所得（価格保障を含めて）という仕組みが必要です。欧米では生産費を償う価格保障と所得補償は農業政策の基本中の基本です。

価格転嫁について、ＥＵは2023年1月から動きだした新共通農業政策の第1目標に「公正・公平な所得を農業者に確保」することをあげ、生産コストに基づいて農家と乳業メーカーの契約を結ばせ、フランスでは、住民の7分の1の食事を提供する学校給食や公共食堂が調達する食材の50％は持続可能で良質なもの、そのうち20％は有機食品にすることを法的に義務づけています。

同時に、価格保障・価格転嫁だけでは農産物価格は市場価格のままですから、「食べたくても食べられない」人々が増えている現状に対する有効な対策にはなりません。根本的には賃上げや消費税引き下げ、食料支援制度の創設、困窮者に対するセーフティネットの充実など、格差社会そのものを是正することがもとめられています。

欧州諸国と日本の農業所得に占める直接支払いの割合を比較すると、日本の30％に対し、スイス92％、ドイツ77％、フランス64％であり（2016年）、ＥＵやスイスは直接支払制度で農業所得と農地を支えています（農林水産省2018）。

大手流通・加工資本の横暴の民主的規制に長年取り組んできたフランスの経験を凝縮したエガリム

法の試みには、学ぶべきものがあります。フランスでは18年に「エガリム法Ⅰ」がスタートし、生産費の変動に応じた価格改定の自動化を模索しています。「①価値の創造とその公正な分配、②公正な価格による生産者の尊厳ある生活、③食料主権の堅持とすべての人がアクセス可能な食料供給、④経済、社会、環境保全、衛生の面で効率的な農業・食料システムの変革」をめざしています（石井圭一2023）。しかし、「エガリム法Ⅰ」では価格形成が十分改善されなかった反省から、「エガリム法Ⅱ」が2022年に制定され、「①任意であった農産物販売における書面契約の義務化、②一定の指数を定めて生産費の変動に応じた価格改定の自動化、③契約当事者間の紛争の仲裁機能の強化、④消費者に対する生産者の受け取り額明示の試行」などに取り組んでいます。2023年には「エガリム法Ⅲ」が制定され、大手小売業者に対する農業生産者の地位の保護に取り組んでいます。毎年12月1日～翌年3月1日に価格交渉が成立しない場合の措置において、供給業者（農業生産者）の地位を保護するための法的措置を実施するためです。

日本で米や乳製品の生産者価格を引き下げる原因となっている「過剰」の根源にある「輸入義務」論からの脱却も大きな課題です。1995年に発足したWTO協定でアメリカの圧力により「ミニマムアクセス」（MA＝最低輸入機会）、「カレントアクセス」（CA＝現行輸入機会）という奇妙なルールが定められました。ミニマムアクセスは「輸入量が国内消費量の5％未満の商品（米）については5％以上輸入」すること、カレントアクセスは「5％以上の商品（乳製品）はその輸入数量を維持」すべしというルールです。しかし、輸入の機会（アクセス）を設定すればいいだけで、需要がなければ無理に輸入しなくてもよく、義務ではありません。各国が足りないものを交換しあうのが「貿易」ですから、当然のことです。

しかし、日本政府は「米も乳製品も国家が貿易を管理している品目だから輸入は義務」（1994年の政府統一見解）と勝手に解釈して、「輸入義務」論にしがみついています。国家貿易品目であっても「商業的考慮のみに従って」輸入すればよいというのがWTOルール（同協定第17条）です。アメリカ産MA米が国産米価格の1・5倍になっても、日本から畜産の灯が消えるという危機的状態になっても、絶対に米と乳製品の輸入量を減らさない、これほど愚かな政治はありません。アメリカとEUは乳製品がミニマムアクセス品目ですが、アメリカの乳製品輸入実績は消費量の5％どころか2％、EUは1％です。WTO加盟国全体でみてもMA、CA枠を満たしている品目数は半分にすぎず、国家貿易品目であっても55％にすぎません。ところが、日本は米も乳製品も100％以上達成しています。

4　おわりに——新基本法改定に求められるものとアグロエコロジー

いま、日本はかつてない農と食の危機に直面しています。これまでの農と食、エネルギーのあり方を落ち着いて振り返り、アグロエコロジーの実践で未来世代に持続可能な地域社会と豊かな農と食を引き継いでいくことが求められています。

世界の農業政策はアグロエコロジーへの転換を強力に進めています。ＦＡＯは２０１４年以降、アグロエコロジーに関する国際シンポジウムやセミナーを相次いで開催し、ＥＵも２０２０年に「農場から食卓までの戦略」（以下、Ｆ2Ｆ戦略）を発表し、アグロエコロジー推進を盛り込んでいます。この戦略は、２０５０年までに温室効果ガスの排出を実質ゼロにし、環境、経済、社会の持続可能な開発目標（ＳＤＧｓ）の達成をめざしています。そのため、２０３０年までに化学合成農薬および高リスク農薬の使用量を50％削減、化学肥料の使用量を20％以上削減、全農地の25％以上を有機農業にするという目標です。Ｆ2Ｆ戦略の法制化のために、総合影響調査を実施し、欧州地域委員会は２０２１年2月に「アグロエコロジーに関する欧州地域委員会の見解」を発表し、ＥＵ共通農業政策改革のアグロエコロジー的展開を進めています。

フランスは２０１４年に「農業・食料および森林の将来のための法律」（通称：農業未来法）を定め、２０１６年には経済社会環境審議会が「アグロエコロジーへの転換――課題と問題点」と題する答申書を採択するなど、着実にアグロエコロジーへの歩みを進めています。同時に、農産物の価格転嫁や給食・公共食堂での持続可能で良質な農産物使用50％目標（うち20％は有機農産物）を定めた「エガリム法Ｉ」も２０１８年11月から施行されました。

一方、日本の「みどりの食料システム戦略」では、２０５０年までにめざす姿として①化学農薬の使用量をリスク換算で50％低減、②化学肥料の使用量を30％低減、③耕地面積に占める有機農業の取組面積を25％、１００万haに拡大など、部分的にＥＵのＦ2Ｆ戦略をまねながら、すべての課題と目標を2050年までとはるか未来に先送りしています。「みどりの食料システム戦略」を法制化した「環境と調和のとれた食料システムの確立のための環境負荷低減事業活動の促進等に関する法律」（通称：みどりの食料システム法）には国の数値目標もその検証義務も定められていません。都道府県と市町村に基本計画の作成の責任を丸投げし、農水大臣は「同意」するだけです。

2024年の改定案では新設第32条で「農業生産活動における環境への負荷の低減」が打ち出されました。しかし、農業生産を一面的に環境に負荷を与えるものと評価したことは問題です。農業生産は一方では有機物を土壌中に蓄積することにより大気中の二酸化炭素を閉じ込める機能を持っています。大規模な工業的農業こそ環境への負荷を与える農業であり、これを推進してきた農業政策こそ見直しが叫ばれているのであって、これを農業全般に適用しようとすることは大きな問題です。

気候危機と食料危機に直面するなかで、持続可能な農業を創造するアグロエコロジーは、農業の多面的機能を強化します。農民が農業生産を継続することによって作り出された多面的機能を、これまで国民が享受してきたことを踏まえれば、多面的機能の維持を正当に評価し、その対価を農民に支払うべきです。ＥＵなどでは生態系の維持と環境保全のために直接所得補償が行われています。アグロエコロジーを本格化するには、公共政策による支援が不可欠です。長年の市場任せの農政は家族農業と農村、地域を痛めつけており、アグロエコロジーへの転換は、価格保障や所得補償などの安心して農業を続けられる環境づくりと並行して行われなければなりません。

アグロエコロジーへの転換を後押しする政策として不可欠なのが、学校給食などの公共調達です（詳しくは、本書第5章・第9章参照）。ブラジルでは全国の学校給食の食材の30％以上を小規模・家族農業から調達し、アグロエコロジーを優先しています。有機給食は、フランス、韓国やアメリカのカリフォルニア州などでも拡大しています。

いまこそ、規模の大小、専業・兼業を問わず、すべての家族農業を対象にする農業政策に転換し、アグロエコロジーで国内農産物の大増産に舵を切るときです。そうしてこそ、作物や家畜、種子などの生物多様性と生態系を守り、飢餓や気候危機、ジェンダー平等や経済格差などの社会問題にも対応できます。

注

1　本稿は、法案審議の途中で執筆し、法案の採決後に出版の予定です。したがって、どのような修正が行われるかは予断を許さない中での記述を前提としています。

2　「農民連アグロエコロジー宣言（案）」は新聞『農民』１５４０号（２０２３年2月13日付）、「提言」はダイジェストを『農民』１５５９号（２０２３年7月3日付）で発表しました。

3　旧基本法の「選択的拡大」の下で、アメリカ産小麦・大豆・飼料の輸入を前提に効率主義と規模拡大が推進されました。生産拡大品目に指定された畜産は、アメリカ産の輸入飼料依存を押しつけられ、野菜など耕種農業は化学肥料・農薬に依存させられました。この脆弱な構造が今日の飼料・肥料・燃油高騰による農業経営への壊滅的打撃の要因です。

4　株式会社は資本主義の最も進んだ企業形態で、上場企業の株の売買は原則として自由で、株を買った者はだれでも経営を支配できることになります。経営権が株式会社の場合は農民の集団であることが保証されない―これが、農業生産法人の形態として株式会社が長年認められてこなかった理由です。政府はこの制限を2024年に取り払い、農業生産法人の形態として株式会社を認めるとともに、農業生産法人の構成員（出資者）としてアグリビジネスや商社、大手スーパーも認めました。農地が投機の対象とされるばかりか、農業に対する大資本の支配が進むと懸念されました。2024年通常国会に提出の「農業経営基盤強化促進法」改正で農地所有適格化法人の出資割合を変更しました。従来、議決権要件を農業関係者二分の一以上としていたものから、「食品事業者等」を含んで二分の一超とし、農業法人が農地所有や経営面で食品事業者の支配下におかれるとの懸念があります。

5　農林水産省「新しい食料・農業・農村政策の方向」（1992年6月）のことです。

6　市町村立学校を公立小中学校といい、それ以外の設置主体によるものを義務教育学校という。2017年度における設置数は、義務教育学校48校、小中一貫型小学校・中学校（併設型）253件。設置主体は国立大学・都道府県・市町村・学校法人（私立）など（文部科学省2017）。

7　農民運動全国連合会主催「米危機打開3・19　緊急中央行動」（2021年3月19日、農林水産省前）での新日本婦人の会の米山淳子会長のスピーチです。

8　CSAとは、Community Supported Agriculture（コミュニティ・サポーテッド・アグリカルチャー）の略で、「地域支援型農業」とも言われます。農家と消費者が契約し、前もって代金を農家に支払い、定期的に農産物を受け取るなど、消費者が農家の生産を支えるとともに農作業にも参加するなどの取り組みを指します。農家にとっては売り先をあらかじめ確保できるほか、代金前払いによって計画的な経営が可能になり、消費者にとっても、なじみの農家から鮮度のよい農産物が入手できるなど、双方にとってメリットがあります。

9　1986年4月7日、当時の中曽根康弘首相の私的諮問機関である「国際協調のための経済構造調整研究会」が報告書をまとめ、首相に提出しました。座長を務めた前川春雄元日銀総裁にちなんで「前川レポート」と呼ばれています。

10　「政府は、少なくとも毎年一回、第二項第三号の目標の達成状況を調査し、その結果をインターネットの利用その他適切な方法により公表しなければならない」。

参考文献

・印鑰智哉（２０２１）「印鑰智哉さんと考える『アグロエコロジーと食と農の現在と未来』」『農民』２０２１年４月12日付、８頁。

・石井圭一（２０２３）「フランスのエガリム『食料三部会』法の背景と経緯」『地域と農業』１２９号。

・文部科学省（２０１７）「小中一貫教育の導入状況調査の結果」（https://www.mext.go.jp/a_menu/shotou/ikkan/_icsFiles/afieldfile/2017/09/08/1395183_01.pdf）（２０２４年８月12日参照）。

・内閣府（２０２１）「令和３年　子供の生活状況調査の分析　報告書」（https://warp.da.ndl.go.jp/info:ndljp/pid/12772297/www8.cao.go.jp/kodomonohinkon/chousa/r03/pdf-index.html）（２０２４年８月９日参照）。

・農林水産省（２０２４）「令和６年度農林水産業ひと口メモ」（https://www.maff.go.jp/j/kanbo/hitokuchi_memo/attach/pdf/index-70.pdf）（２０２４年９月18日参照）

・農林水産省（２０２４）「スマート農業をめぐる情勢につい」（https://www.maff.go.jp/hokuriku/seisan/smart/attach/pdf/index-12.pdf）（２０２４年８月26日参照）。

・農林水産省（２０２４）「農業経営統計調査　営農類型別経営統計　令和４年営農類型別経営統計　調査結果の概要」（https://www.maff.go.jp/j/tokei/kouhyou/noukei/einou/）（２０２４年８月23日参照）。

・農林水産省（２０１８）「平成29年度海外農業・貿易投資環境調査分析委託事業（ＥＵの農業政策・制度の動向分析及び関連セミナー開催支援）報告書」三菱ＵＦＪリサーチ＆コンサルティング株式会社。（www.maff.go.jp/j/kokusai/kokusei/kaigai_nogyo/k_syokuryo/attach/pdf/itaku29-3.pdf）（２０２４年８月23日参照）。

・全国農業協同組合中央会（２０２４）「国際農業食料レター」（https://www.zenchu-ja.or.jp/wp_zenchu/wp-content/uploads/2024/02/up20240221022945251.pdf）（２０２４年６月17日参照）。

第4章　酪農が直面する課題と未来

―食の民主主義を展望する―

1　はじめに

日本の農と食は現在、危機的状況下にあります。コロナ禍を起点とした需要減少、ロシア・ウクライナ戦争による世界的な食料高騰、歴史的な円安による輸入資材・食料の高騰、これらを要因とする全般的な食料インフレの発生など、危機は加速しています。今回の一連の危機で、日本の酪農乳業はしばしば社会的関心を集めてきた部門の一つです。現下の状況は「令和の酪農危機」（以下、「危機」）と形容され、直近40年間で最も厳しいといわれています。酪農乳業の未来を考える上でも、アグロエコロジーの視点は有効です。なぜなら、今回の危機は単なる外部要因で起きているのではなく、飼料生産を行う農地から遊離した（工業化した）日本の畜産業の性質（加工型畜産）が危機をより深刻化させている側面もあるからです。

本章では、日本の酪農乳業が目下、直面している「危機」の検討を通じて、現在の農業政策の問題点とそのアグロエコロジー的転換の必要性を論じます。まず、「危機」の展開とその背景を分析した上で、「危機」が浮き彫りにした農業政策の限界を指摘し、アグロエコロジーの観点からオルタナティブな酪農乳業政策の体系を述べます。[*1]

2 「酪農危機」の諸相とその背景

(1) 「酪農危機」の多重性

「危機」が未曾有の危機となった理由は、第1に需要減少による生乳過剰、第2に飼料などの生産資材の高騰によるコスト上昇と所得減少、これらが同時に起きたためです。

日本酪農は、過去、生乳過剰と資材高騰に幾度も見舞われてきました。しかし、前回の生乳過剰は2000年代前半、前回の資材高騰は2000年代後半で、同時ではありませんでした。過剰時の対応は値下げして乳製品在庫を削減する、資材高騰時の対応は生乳価格(以下、乳価とする)を引き上げて所得回復を図るのが基本です。しかしながら、これらが同時に起きると対応が困難になります。乳価引き上げによる需要減少は過剰をさらに深刻化させ、在庫解消のための値下げはさらなる所得減少を酪農家に強いるからです。現在の「危機」の特徴は、その多重性にあります。

（2） コロナ禍を起点とした生乳過剰

今回の「危機」の発端は2020年以降のコロナ禍ですが、その様相は絶えず変化してきました。「危機」は何度もメディアで取り上げられ、社会的な関心を集めました。たとえば、2020年春の全国一斉休校・学校給食停止による牛乳過剰、22年秋・23年春・夏の牛乳・乳製品の値上げ、22年後半以降の酪農家による生乳廃棄などです。しかし、メディア報道は散発的だったので、「危機」は必ずしも体系的に社会で受け止められていません。コロナ禍は終わったのになぜ酪農はいつまでも大変なのか、余っているなら値下げすればいいのではないか、という反応が象徴的です。

以下、簡単に時系列で追ってみます。まず、2020年に始まったコロナ禍で、牛乳・乳製品需要が減少しました。外出自粛は特に外食・観光業に大きな打撃を与え、外食・土産物向けの需要を減らしました。脱脂粉乳やバター、外食・業務向け牛乳、クリームなどの需要が減った一方で、家庭向け牛乳の需要は学校給食停止を受けた「応援消費」や「巣ごもり需要」で逆に増加しました。冷蔵庫に置いて消費する牛乳は、在宅時間が伸びれば需要は自然に増えるからです。ただ、牛乳・乳製品の需要は全体としては大きく落ち込みました。

生乳の過剰は、脱脂粉乳・バター在庫の増加という形で現れます。乳業メーカーは、日持ちしない牛乳やヨーグルト、クリームなどは実際に販売できる量だけ製造します。需要減少で販売量が減れば、乳業メーカーは余剰生乳を脱脂粉乳・バター製造に回し、これらの在庫が増えます。脱脂粉乳・バターで帳尻合わせを行う理由は、過剰時は一定期間貯蔵でき、不足時は海外から輸入できるからです。

コロナ禍による需要減少は、特に脱脂粉乳の在庫を大きく増加させました。過剰在庫は乳業メーカーの経営を圧迫し、やがて生乳の購入停止、生乳廃棄につながる恐れがありました。そこで、乳業メーカーは脱脂粉乳の飼料転用などによる値下げ販売を行なって在庫削減対策に取り組み、その費用負担を酪農家にも求めました。通常、日本の乳業メーカーは酪農家から生乳を全量購入しますが、これは乳業メーカーが過剰時のリスクを全て負う仕組みです。そのため、今回のような極端な過剰時は、乳業メーカーと酪農家が互いに資金を出し合い、協力して在庫を減らす取り組みが以前から実施されてきました。2020年度は政府が大規模な財政支出で在庫削減費用を肩代わりしたため、酪農家の負担は大きくはなりませんでした。しかし、2021年以降、財政支出の削減とさらなる需給緩和の進行によって、在庫削減対策に関する酪農家の負担は増していきました。2021年度は約89億円、22年度は約93億円、23年度にはやや減るも約69億円を負担することになりました。[*2]

2021年になると、生乳過剰はさらに深刻化していきます。需要減少の継続に加え、生乳生産量も大きく増加したからです。2021年は、19年比で需給ギャップが生乳換算で42万トンもさらに拡大してしまいました。[*3] この生産量増加の背景には、2008年から15年にかけて断続的に発生し、社会問題となったバター不足があります。バター不足は、2007年の資材高騰による酪農経営の悪化、それによる生産減少で起きました。政府は、投資をして経営規模を拡大する酪農家に投資額の最大半額を助成する畜産クラスター事業を実施するなどして、増産を支援しました。多くの酪農家が借金をして経営を拡大し、増産に取り組んだわけです。その結果、停滞していた生産は増加に転じましたが、まさにそのタイミングでコロナ禍になってしまいました。

酪農の増産プロセスは急には止められません。母牛の妊娠、子牛の誕生・成長、妊娠・出産を経て、ようやく生乳は生産できます。このサイクルには3年を要します。つまり、増産を意図してから実際に増産できるまで、最低でも3年のタイムラグがあるのです。しかも、乳牛がいったん生乳を出し始めれば、乳牛の健康維持のために、とにかく毎日搾乳しなければなりません。短期的な需要変化に応じて供給を調整するのは、酪農では非常に困難です。

2022年に入ると、さらに事態は悪化して、酪農家による生乳生産の抑制・削減にまで至ってしまいました。在庫削減対策が在庫増加に追いつかない上に、生乳生産量が乳製品工場の製造能力を超え、大規模な生乳廃棄が起きる可能性が高まったからです。乳製品工場が多く立地している北海道の農協は、2022年度と23年度の2年間、在庫削減対策と並行して、計画的な生産調整を実施しました。その調整方法は、飼料を減らして搾乳量を抑制する、搾乳牛を早期にリタイアさせて飼養頭数を減らす、予定していた子牛の導入を中止する、そもそも生まれてくる乳用子牛の数を減らす（その代わりに肉牛を産ませる）などがあります。さらには、生産目標数量内に生産量を抑えるため、一部の酪農家が生乳を廃棄する事態にもなりました。

生産調整は、酪農経営に大きな悪影響を与えます。短期的には、本来得られるはずだった収入が減ります。特に、借金をして規模拡大した酪農経営は借金の返済計画を変更せざるをえなくなります。また、長期的には、酪農家の投資意欲を低下させます。「危機」の前から酪農家戸数は減っていましたが、残る酪農家が投資をして生産を拡大しないと縮小する一方になります。しかし、生産調整が将来的にあるかもしれないともなれば、酪農家に投資を躊躇させ、国内生産の縮小からさらなる自給率低下を招きかねません。

（3）資材高騰による所得減少

生乳過剰の影響が拡大する中で、2022年には生産資材の高騰による酪農所得の急激な減少が起きました。その要因は、ロシアのウクライナ侵攻による世界的な食料危機の発生と、日本と米国との政策金利差の拡大による歴史的な円安の進行です。

図4－1は、2020年以降の生産資材価格と生乳・牛販売価格の価格指数の推移です（2020年平均価格を100とした場合）。まず、生産資材です。品目によって差はありますが、特に2022年後半から価格上昇が顕著になっています。2022年12月時点の価格指数は、配合飼料（乳牛用）147・2、ヘイキューブ（乾牧草、米国産）153・5、肥料（総合）153・6、光熱動力（電気料・燃油代など）126・6、建築資材137・2です。2020年と比較すると、1・3倍から1・5倍程度の大きな価格上昇です。とりわけ、生産費に占める割合の高い飼料の高騰は著しく、影響は非常に大きいといえるでしょう。しかも、2024年3月現在でみても、これら資材価

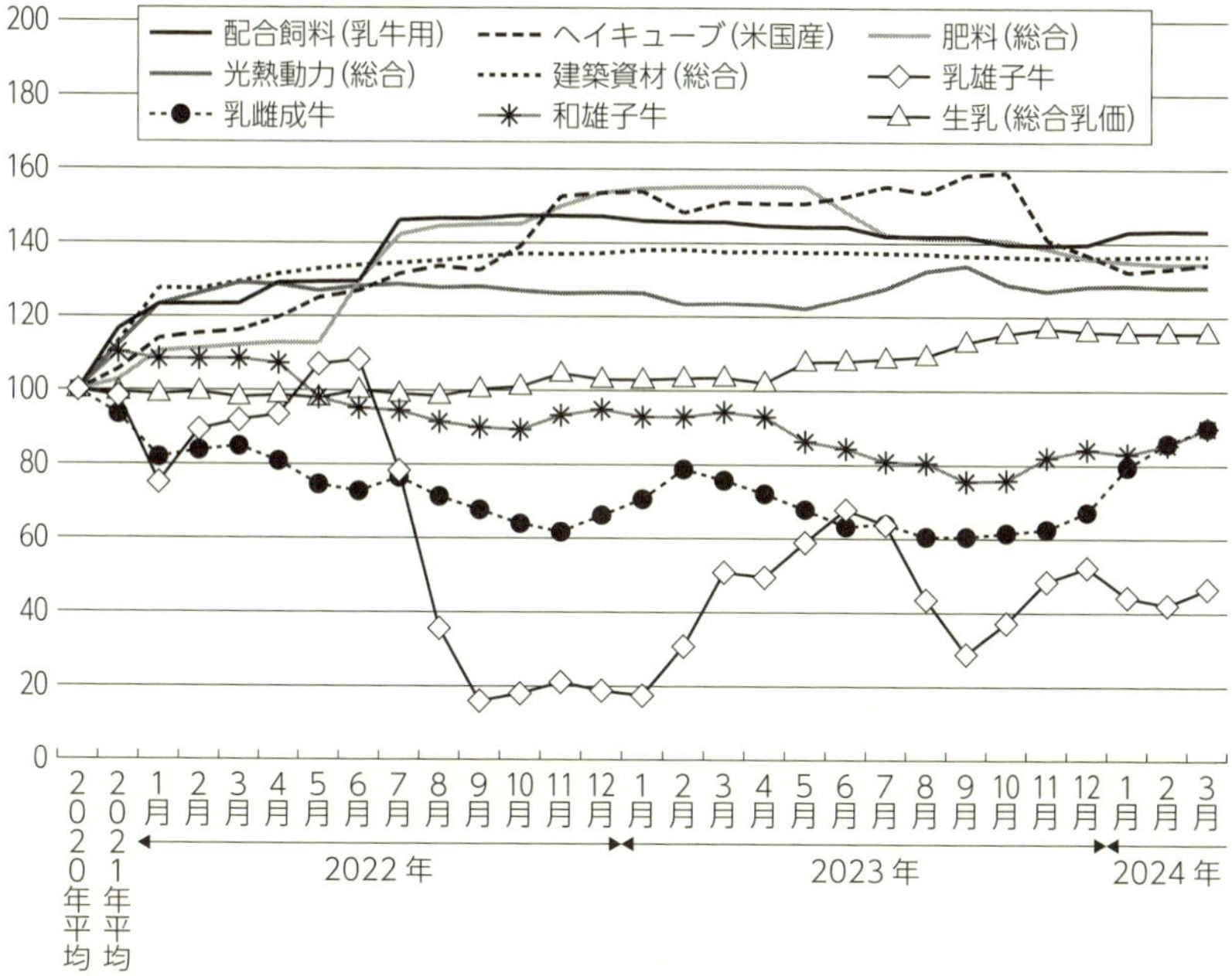

図4－1　生産資材および生乳・牛販売価格の価格指数（2020年＝100）

出所：農林水産省「農業物価統計」より筆者作成。

格は高止まりの状態が継続しています。ヘイキューブだけやや低下しましたが、それでも約1・3倍の価格水準です。

酪農家の主な収入となる生乳の販売価格は、資材高騰を受けて上昇傾向にありますが、2024年3月時点でも115程度（20年比15％上昇）で、資材価格の上昇と比べると低くとどまっています。

一方、酪農家の副収入である牛の販売価格はむしろ下落しています。肥育用となる乳雄子牛（ホルスタイン種雄、7日齢）の価格指数は2022年12月時点で18・8と実に8割強、乳雌成牛（ホルスタイン種雌）は同じく66・3で3割強の価格下落で

表4－1　北海道と都府県の生乳生産費（実搾乳量1kg当たり）

単位：円/kg

		2020年	2022年	差額	指数＊
北海道	物財費	84.3	92.8	8.5	110.1
	飼料費	42.0	50.6	8.6	120.5
	乳牛償却費	22.1	19.5	▲2.6	88.2
	農機具費	4.7	5.4	0.7	114.9
	光熱動力費	2.8	3.7	0.9	132.1
	労働費	17.4	16.8	▲0.6	96.6
	費用合計	101.7	109.6	7.9	107.8
	副産物価額	18.6	11.6	▲7.0	62.4
	全算入生産費	89.2	103.7	14.5	116.3
都府県	物財費	96.0	109.3	13.3	113.9
	飼料費	56.3	69.4	13.1	123.3
	乳牛償却費	17.4	16.2	▲1.2	93.1
	農機具費	4.0	4.5	0.5	112.5
	光熱動力費	3.5	4.5	1.0	128.6
	労働費	20.9	19.5	▲1.4	93.3
	費用合計	116.9	128.8	11.9	110.2
	副産物価額	19.3	13.8	▲5.5	71.5
	全算入生産費	101.6	119.0	17.4	117.1

注：全算入生産費＝費用合計－副産物価額＋支払利子・地代＋自己資本利子・自作地地代。
＊2020年＝100としたときの2022年の値。
出所：農林水産省「畜産物生産費統計」より筆者作成。

す。乳雄子牛は飼料高騰による採算悪化を懸念する肥育農家の買い控え、乳雌成牛は生産抑制・減産による酪農家の購入意欲低下が価格下落の要因です。2023年から24年にかけて不安定な動きながら、いずれも回復傾向を示しています。

表4－1に、北海道と都府県の実搾乳量1kg当たり生乳生産費を示しました。2020年と22年の値を比較しています。全算入生産費は、北海道でプラス14・5円、16・1％、都府県でプラス17・4円、17・1％

ほど上昇しました。両年の差額から判断すると、全算入生産費増加のほとんどが、飼料費の上昇と、子牛と堆肥の販売代金からなる副産物価額の低下で説明できることがわかります。

図4－1と表4－1の数値を用いて、2023年の1kg当たり生乳生産費を大雑把に推計してみます。北海道では、2020年比で飼料費はプラス14円、副産物価額はマイナス10円、都府県では飼料費はプラス21円、副産物価額はマイナス9円となります。他の項目が変化しないとすると、2023年の全算入生産費は北海道で約24円、都府県で約30円の上昇（いずれも20年比）となり、2022年と比べてもさらに10円、13円程度の上昇という結果でした。

北海道より都府県で飼料費の上昇程度が大きい理由は、両地域の酪農構造の違いに由来します。北海道の酪農家は広い農地を有し、牧草を中心にカロリーベースで半分程度の飼料を自ら生産します。一方、都府県の酪農家は農地を持たない経営も多く、牧草を含む飼料の大半を購入し、しかも輸入飼料に依存しています。生乳生産費に占める購入飼料費（「流通飼料費」）の比率は、資材高騰前の2020年時点でも都府県で44％、北海道で30％です。都府県の方が購入飼料への依存が高く、これが飼料高騰による影響の差をもたらしています。

では、2020年比でどれくらい酪農所得が減少したか、北海道と都府県に分けて確認します。本章執筆時点で2023年の数値はまだ公表されていないので、筆者による独自試算です。先ほどの飼料費増加と副産物価額低下のみを考慮し、2023年中に行われた乳価引き上げも加味していま す。2022年と23年の「所得」は、2022年11月の飲用向け乳価10円／kg、23年4月の乳製品

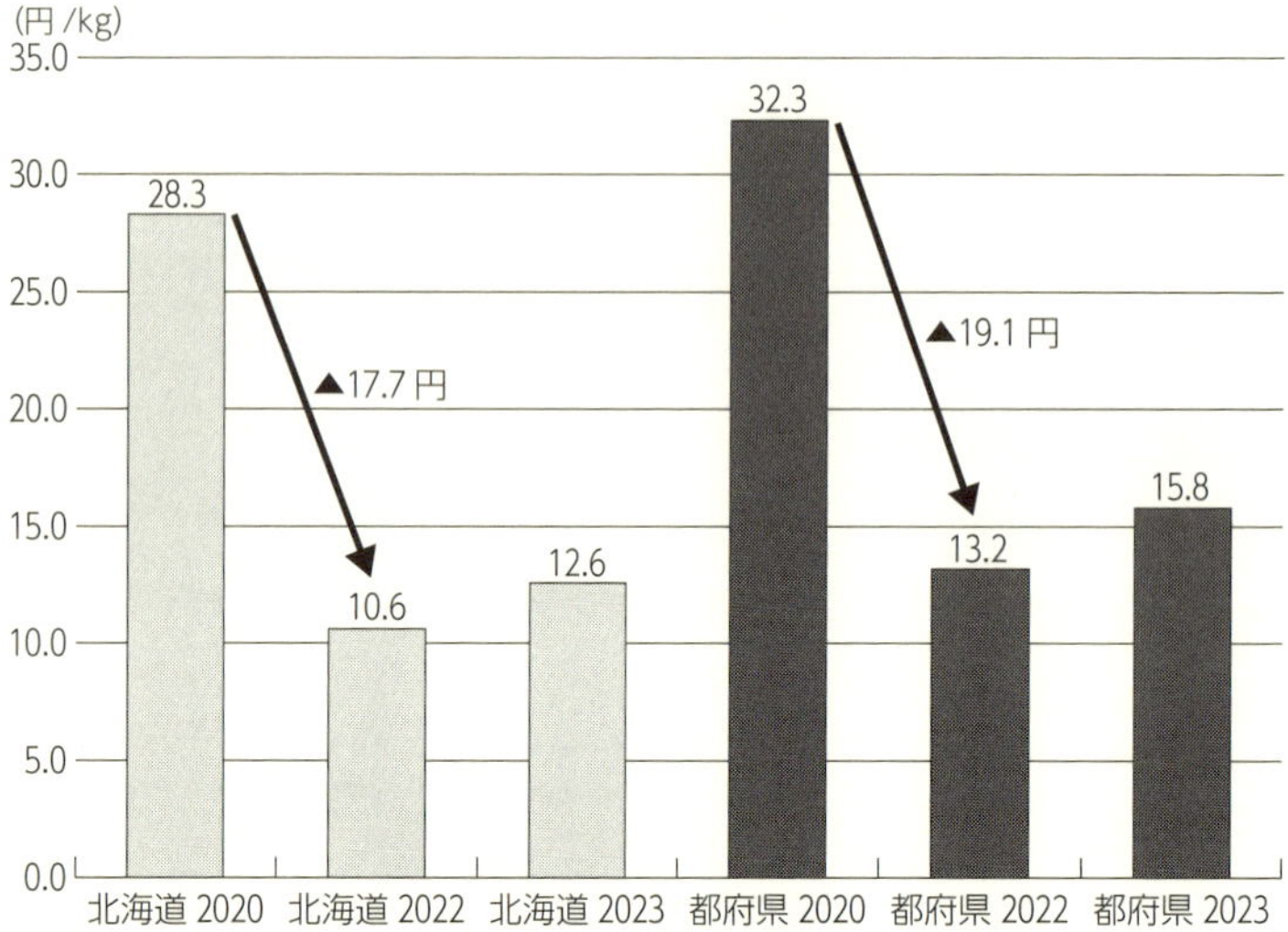

図4－2　実搾乳量1kg当たり「所得」の変化

注：2023年の値は筆者による独自試算の結果である。
出所：農林水産省「畜産物生産費統計」より筆者作成。

向け乳価10円／kg、同・8月の飲用向け乳価10円／kg、同・12月のバター・生クリーム（乳脂肪）向け乳価6円／kgの引き上げ分を含んでいます。2020年・22年・23年（独自試算）の実搾乳量1kg当たり「所得」[*4]を示したのが、**図4－2**です。2020年から22年にかけて顕著な所得減少が起きています。実搾乳量1kg当たり「所得」は、北海道で28・3円から10・6円へ17・7円の減少、都府県で32・3円から13・2円へ19・1円の減少です。ともに6割程度の大きな減少率になっています。2023年にかけて、さらに生産費の増加と副産物の価格下落が生じましたが、相次ぐ乳価引き上げによって2円ほど「所得」は回復しました。

　しかし、乳価引き上げ後でも「所得」は

まだ低く、２０２０年水準の半分以下にとどまっています。酪農家の自助努力だけでは到底対応できない所得減少額であり、さらなる乳価引き上げを要する状況といえるでしょう。

（４）　酪農家戸数の減少と生産減少

２０２２年と23年は、前述のような酪農経営の悪化を受け、全国的に離農が増加し、生乳生産量も減少しました。

表４−２は、地域別の酪農家戸数の対前年減少率です（各年２月１日時点）。酪農家は近年、毎年２〜３％ずつ減っていっていますが、２０２３年は前年比で５・３％減となり、例年より減少率が高いといえます。地域別にみると、北海道の３・２％減に対して、都府県は６・５％減であり、より減少率が高くなっています。特に近畿や東海、関東・東山（山梨県・長野県・岐阜県の３県）などで減少率が高く、順に８・９％、８・７％、７・０％の減少率です。減少率が高い地域ほど、２０２２／21年の減少率と比較した場合の減少率の高まりの程度も大きいことがわかります。これらの地域は購入飼料依存度の高い

表４−２　酪農家戸数の対前年減少率

単位：戸

	2023年 酪農家戸数	前年減少率(%)	
		23/22	22/21
北海道	5,380	▲3.2	▲2.6
都府県	7,240	▲6.5	▲4.7
東北	1,780	▲6.3	▲5.0
北陸	237	▲6.3	▲4.9
関東・東山	2,260	▲7.0	▲5.1
東海	501	▲8.7	▲5.7
近畿	357	▲8.9	▲4.9
中国	547	▲5.2	▲3.4
四国	261	▲4.7	▲4.2
九州	1,230	▲5.4	▲3.7
沖縄	64	▲1.5	1.6
全国	12,600	▲5.3	▲3.6

出所：農林水産省「畜産統計」より筆者作成。

表４－３　地域別生乳生産量と対前年度減少率

	2022 年度生乳生産量（t）		2023 年度生乳生産量（t）	
		前年度比（%）		前年度比（%）
北海道	4,253,607	▲1.3	4,174,559	▲1.8
都府県	3,278,906	▲1.7	3,149,130	▲4.0
東北	538,152	▲1.5	505,596	▲6.0
北陸	73,667	▲2.2	68,243	▲7.4
関東・東山	1,129,046	▲0.3	1,090,713	▲3.5
東海	323,622	▲2.5	313,089	▲3.3
近畿	157,541	▲3.7	151,921	▲3.6
中国	316,009	▲0.4	308,780	▲2.3
四国	111,658	▲0.5	109,159	▲2.2
九州	607,930	▲4.0	581,764	▲4.3
沖縄	21,281	▲5.9	19,865	▲6.7
全国	7,532,513	▲1.5	7,323,689	▲2.7

出所：農林水産省「牛乳乳製品統計」より筆者作成。

経営が多く、飼料高騰の影響が特に大きい地域です。基本的に、後継者不在の高齢酪農家の離農が中心と思われますが、ここ2年間では若年層の離農も散見され、事態の深刻さが窺えます。

表４－３は、２０２２・23年度の地域別生乳生産量と対前年度減少率です。全国平均では２０２１年度まで生乳生産量の増加が３年間続いてきましたが、２０２２年度は前年度比で１・５％の減少に転じました。２０２３年度はさらに減少し、都府県での減少率が特に高くなっています。２０２１年度の生乳生産量合計は７６４万トンでしたから、わずか2年間で30万トン以上も減少したことになります。また、東北と北陸、関東・東山、中国、四国は、22年度と比べて23年度の減少率が非常に高まりました。生産量減少の要因は、離農増加や北海道などでの計画減産・生産抑制、飼料高騰による飼料給与

量の低下、2023年夏の猛暑などが考えられます。

都府県で生産が減っても、北海道で生産を増やせば大丈夫というわけではありません。暑さによる乳牛の夏バテで生産が減る夏季を中心に、都府県では生乳が一時的に不足します。そのため、都府県に立地する乳業メーカーの工場は北海道から船舶などで移出される生乳で不足を補いますが、昨今の物流危機の深刻化によって、これまで通り北海道から生乳や牛乳・乳製品を送り続けられるか、懸念があるのも事実です。特に西日本は北海道から遠いため、移出量にも限界があります。急速に生産が縮小する都府県酪農の生産基盤をいかに維持するかは、牛乳・乳製品の安定供給という面でも重要です（清水池2023c）。

2024年4月時点でも、生乳過剰は、やや形を変えつつ続いています。24年度も脱脂粉乳在庫削減対策を継続しなければ、年度末に在庫が再び高い水準になる恐れがあります。その要因は、生乳生産は減っているものの、資材高騰を受けた乳価引き上げの結果として小売価格が上昇し、牛乳・乳製品の消費が落ち込んでいるためです。たとえば、2022年秋以降、牛乳の小売価格は1リットル当たり約40円、バターは2割ほど上昇しました（総務省「小売物価統計調査」）。牛乳の小売単価は2024年4月時点で250円前後となり、高くなったと感じる人も多いでしょう。そのため、2023年度の飲用牛乳製造量（消費量に近似）は前年度比マイナス2・1％で、ここ10年間では最も大きな減少でした（農林水産省「牛乳乳製品統計」）。

その一方で、2023年から業務用バターの不足が問題になっています。脱脂粉乳消費は依然として低迷し在庫過剰であるのに対し、バター消費は好調であるため足りないという錯綜した状況です。これは、脱脂粉乳（乳タンパク）とバター（乳脂肪）とが「双子」であることが関係しています。片方を作るともう片方が必ず製造され、どちらか片方だけを製造することはできないのです。現状では、バターを増産すると脱脂粉乳の過剰在庫がさらに深刻になります。よって、バターを十分に製造して脱脂粉乳在庫削減対策を続けていくか、あるいはバターの製造を抑えて脱脂粉乳在庫を適正に保ちつつ不足するバターは輸入する方法を採らざるを得ません。

また、酪農経営の悪化によって乳用牛、特に次世代を担う乳用子牛の飼養頭数が減っている点に注意が必要です。これは、酪農家が収入を補填するため、和牛などの肉牛生産を増やしていることが影響しています。酪農家は、通常、乳牛に乳用子牛を産ませますが、和牛受精卵を乳牛に移植すれば和牛子牛を、肉牛精液で受精させれば肉用の交雑種（F1）子牛を産ませることができます。酪農家が和牛子牛や交雑種子牛の生産を増やすと、乳用子牛の出生数が減ってしまいます。今後、バター不足がさらに深刻になっても、乳用牛そのものが減っているとすぐに増産できない懸念があります。

3 「酪農危機」から見える課題

（1）「自助努力」支援政策の限界

現下の「危機」に対し、主に、農協と乳業メーカーとの交渉を通じた乳価引き上げと、政府による政策対応がなされていますが、いずれも限界があります。

まず、乳価引き上げです。前述のように、2022年11月と23年8月に飲用乳向け乳価が10円／kgずつ、2023年4月に乳製品向け乳価が10円／kg、23年12月に乳製品のうちバター・生クリーム（乳脂肪）向け乳価が6円／kg引き上げられました。累積すると、北海道では約14円、都府県では約20円の乳価引き上げです。過去にない乳価引き上げの実現は画期的ではあります。

しかしながら、第1に、乳価引き上げまでに時間がかかり酪農経営への影響が長期化しています。大きな値上げが実施されましたが、依然として所得減少分の全てをカバーしきれていません（図4-2参照）。第2に、価格転嫁が消費に及ぼす影響です。価格転嫁が必要なのは言うまでもありませんが、それによって消費減少・市場縮小というジレンマに直面しています。円安などに由来するインフレの中で、消費者の実質賃金が低下しています。全ての消費者が高い牛乳・乳製品の小売価格を許容できるわけではありません。

次に、政府による政策は、加工原料乳生産者補給金と臨時対策の大きく2つから構成されます。加工原料乳生産者補給金は、飲用乳向け生乳より乳価の低い乳製品向け生乳に対して、1kg当たり約10円の補給金を酪農家に交付する制度です。補給金単価は生乳生産費上昇時には引き上げられますが、2023年度単価は前年度比で49銭、24年度単価は同・26銭の引き上げにとどまりました。そもそも補給金制度は生産費高騰時にその上昇分をカバーする目的の制度ではない上に、供給の大半が飲用乳向け生乳である都府県の酪農家にはわずかしか交付されていません。

もう一方の臨時対策では、コロナ禍以降、資材高騰対策や過剰在庫対策として多くの事業が、補正予算を通じて実施されました。たとえば、2022年度には、配合飼料購入時の実負担額を低下させる配合飼料価格安定基金への緊急追加拠出や、自給飼料拡大・生産費削減に取り組む酪農家への支援、在庫削減対策（既述）への資金支援、乳牛飼養頭数削減（早期淘汰）への支援といった事業が行われました。予算総額は酪農対象で500億円程度（2022年度補正予算総額）であり、決して小さな額ではありません。

ですが、これらの対策を全ての酪農家が利用できるわけではありません。皮肉なことに、優秀な酪農家であるほど、これ以上削減余地のある生産費は少なく、すでに十分に国産飼料を利用していて、減らせる余裕のある低能力の乳牛は飼養していません。また、経営難にある酪農家ほど、事業の交付対象となる新たな取り組みを行う余裕はありません。臨時対策の多くは、酪農家が何らかの「自助努力」を行う場合の追加支出を部分的に減らす枠組みになっていて、酪農家の所得減少を直接的に補填する対策にはなっていません。

同じ500億円の予算であるなら、乳牛1頭当たり6万円を一律支給といった形で、直接的に所得を補填する方がはるかに効果的な支援です。酪農家の「自助努力」に対する支援という政策スタイルは、「危機」対策としては迂遠です。日本では1960年代以降、政府が乳製品の過不足調整を直接行い、乳製品向け乳価を設定する政策を行ってきましたが、1990年代に農業政策の大幅な規制緩和という新自由主義的な政策が導入されました。それ以降は、過不足調整は農協と乳業メーカーに依存し、「自助努力」を行う酪農家を支援する政策が実施されてきました。さらに、２０１０年代には、生乳流通における競争と貿易自由化による国際競争を促進する規制緩和が行われました（清水池２０２２）。今回の「危機」は、新自由主義的政策の限界を浮き彫りにしています。

（２）大規模経営の脆弱性

「危機」を契機として見えてきた問題として、大規模経営の脆弱性もあります。まず、前提として、筆者は大規模経営自体を問題視していません。むしろ、家族経営がこれからも減っていくと思われる中で、地域の生産量を維持し、雇用という形で酪農に従事できる労働者を受け入れられる大規模経営は重要な担い手と考えています。家族経営や大規模経営といった多様な担い手の存在が、今後ますます重要になってきます。この間、複数の家族経営が共同出資したり、単独の家族経営が成長する形態で、多くの大規模経営が生まれてきました。

北海道を事例に具体的に検討してみましょう。北海道酪農はおおむね10年ごとに20％強のペースで酪農家戸数が減ってきた一方、経営の大規模化は進んできました。北海道の酪農家1戸当たり経産牛飼養頭数は、２０００年の49頭、２０１０年の63頭、２０２０年の78頭、そして２０２２年の86頭と着実に拡大してきました。北海道酪農の経営規模は、欧州の酪農大国であるドイツやフランスを超える水準に達しています。

図４－３は、北海道における年間乳量階層別の酪農家戸数および生乳生産量のシェアで、前回の

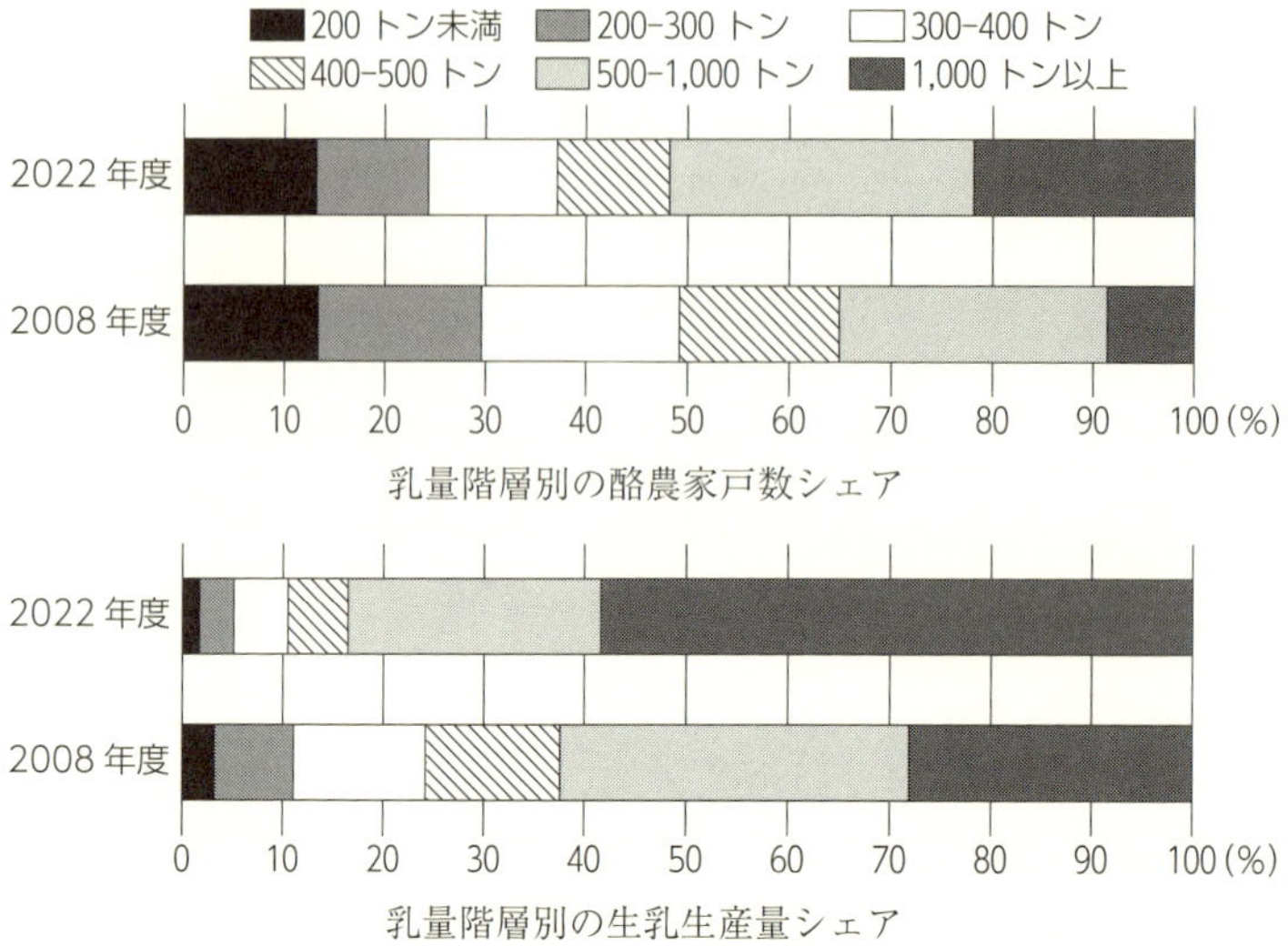

図 4－3　北海道における年間乳量階層別の酪農家戸数・生乳生産量シェアの変化

出所：ホクレン酪農部（2023）より筆者作成。

「畜産危機」時の２００８年度と２０２２年度とを比較しました。[*5] ここでは、年間乳量１０００トンが重要な区切りになります。今の乳牛は1年間でおおむね1万kgの生乳を生産します。よって、乳量１０００トンの経営は乳牛飼養頭数１００頭の経営に相当します。家族経営で飼養できる乳牛は１００頭が限度といわれていて、それを超えると雇用従業員が多くなり、繋ぎ飼い牛舎からフリーストールと呼ばれる大規模飼養に適した牛舎になっていきます。つまり、家族経営から企業的な経営へと変わっていく区切りが乳牛１００頭であり、乳量１０００トンなのです。

　２０２２年度の値をみると、乳量１０００トン以上階層の大規模経営のシェアが大きく高まり、北海道酪農は大きな構造変化を遂げたことがわかります。階層別の戸数シェアに

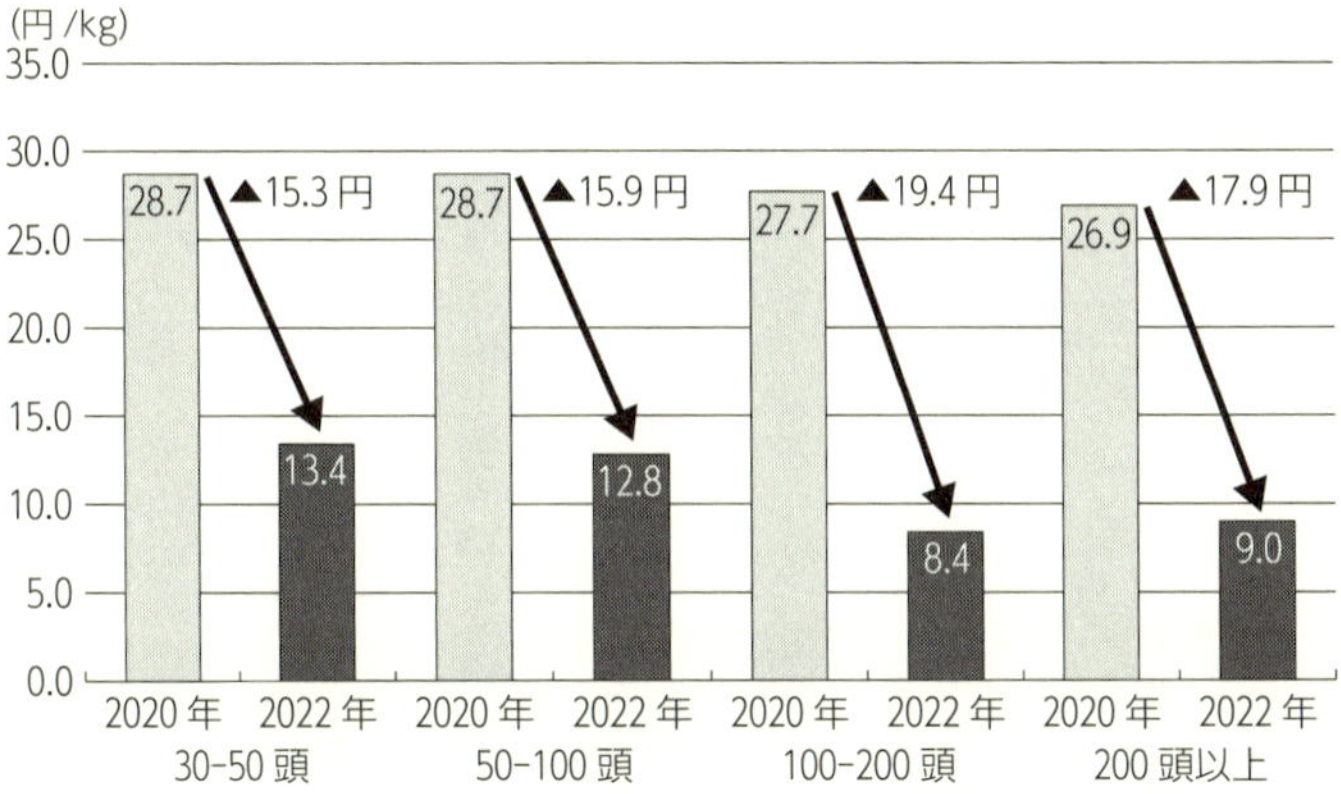

図4－4　乳用牛（2歳以上）飼養頭数規模階層別の実搾乳量1kg当たり「所得」の変化

出所：農林水産省「畜産物生産費統計」より筆者作成。

よると、乳量１０００トン以上階層は２００８年度の１割弱から２０２２年度の２割強まで上昇しました。生産量シェアはより顕著で、乳量１０００トン以上階層は２００８年度の２割台半ばから２０２２年度の６割弱へと飛躍的にシェアを高めています。逆に、平均的な家族経営が属する乳量５００～１０００トン階層は、全階層で最大シェアであった3割台半ばから２割台半ばまで生産量シェアが縮小してしまいました。中規模の家族経営中心のイメージが強かった北海道でも、生産面ではすでに大規模経営が中心になっています。

　このように北海道酪農の規模拡大が進展し、生産の効率性が高まっているようにみえますが、一方で脆弱化した側面もあります。**図４－４**に、乳用牛（２歳以上）飼養頭数規模階層別の実搾乳量１kg当たり「所得」と、その２０２０年と22年における変化を示しました。規模階層は、30頭以上50頭未満層、50頭以上１００頭未満層、１００頭以上２００頭未満層、２００

頭以上層の4区分で、平均規模の経営は50頭以上100頭未満層に含まれます。これによると、100頭以上層の大規模経営は、100頭未満層と比較して、大きく「所得」を減らしています。

この理由は、飼養頭数増加に合わせて自給飼料向け農地面積を拡大させることが難しい、自給飼料生産に充当する労働を省力化したいといった観点から、経営の大規模化に伴い、輸入穀物や牧草といった購入飼料への依存度が高まるためです。その結果、今回のような資材高騰時の影響がより大きくなります。大規模経営は、家族経営と比較すると購入飼料を多く購入するようになり、その点で都府県酪農に接近しているといえます。

(3) 新基本法改定をめぐる問題点

ところで、現在、国会で食料・農業・農村基本法（以下、新基本法）改定法案が議論されています（2024年4月時点）（本書第3章参照）。新基本法の改定は、「危機」の克服に寄与するでしょうか。新基本法改定法案に向けた答申である農林水産省（2023）を検討します。

まず、新基本法改定の理由として、新基本法制定（1999年）後の20年間における変化を指摘しています。すなわち、世界的な食料需要増加と供給不安定化、食料安全保障・持続可能性に関する国際的議論の進展、我が国の経済的地位の低下、我が国の人口減少と高齢化、農業者・農村人口の減少です。これらを受けた今後20年間で対応すべき課題は、平時における食料安全保障、国内市場のさらなる縮小、環境・人権など持続可能性への対応、農業従事者・農村人口のさらなる減少とされています。

以上の問題認識に基づき、①国民一人一人の食料安全保障の確立（食品アクセスと安定的輸入の確保、輸出促進、費用に基づく価格形成）、②環境と調和のとれた食料システムの確立（農業・食品産業における環境負荷低減）、③生産性向上・付加価値向上による農業の持続的な発展（多様な農業者による農地確保、生産基盤の保全、先端技術の活用、資材価格変動の影響緩和など）、④地域社会を維持するための農村の振興（農地保全のための共同活動促進、農泊・農福連携の促進、鳥獣害対策など）、以上の4つを基本理念として新基本法を改定するとしています。

この新基本法改定の動きに関しては、以下の3点を指摘できます。

第1に、四半世紀ぶりの新基本法改定を謳いながら、抜本的な「改革」ではない点です。食料安全保障は後述するとして、②と③、④は現行政策と実質的に同等です。②は2020年に発表された農業政策の長期戦略「みどりの食料システム戦略」、④は新基本法に基づいて5年に1度更新される食料・農業・農村基本計画の2020年版と同じ内容といえます。抜本的な「改革」ではない以上、「危機」が再び起きても何か異なる対応ができるのか懸念があります。結果として、農業政策は依然として新自由主義を基調としていると思われます。ここ20年間の農業の危機は、貿易自由化や規制緩和など新自由主義的な農業政策自体に由来するものも多く、それへの反省的な言及は見られません。

第2に、今回の新基本法改定のキーワードは間違いなく食料安全保障ですが、その内実はかなり貧弱です。今回、食料安全保障は「国民一人一人が活動的かつ健康的な活動を行うために十分な食料を、将来にわたり入手可能な状態」と、国連などでの定義を踏まえ、従来より広く定義されました。従来の有事の際の食料確保といった狭い意味ではなく、より広い定義が採用されたことは評価できます。しかし、食料安全保障の項目（前述の①）をみると、国内農業生産の増大を基本とするといった文言はあるものの、具体的には「買い物困難者」の解消や低所得者向けの「フードバンク」への支援、有事の際の食料増産命令（食料供給困難事態対策法）などの内容です。いずれも重要ではあるものの、大規模な予算措置があるものではなく、従来の政策からの大転換にはみえません。加えて、一般にも馴染みのある政策目標であった食料自給率はその他の「目標の一つ」として「格下げ」となり、食料安全保障に対する農林水産省の本気度が疑問視されています。なお、近年の農業政策の目玉である輸出促進が食料安全保障の項目に含まれていて、正直、違和感があります。

第3に、食料安全保障に含まれる「食料の合理的な価格の形成」です。これは「危機」で乳価引き上げが遅れたことを念頭に、資材高騰などで生産費上昇が起きた際に迅速かつ「合理的」な価格転嫁を行えるようにする制度が想定されています。しかし、乳価引き上げ後に消費減少が生じた場合の対応など、乳業メーカーから懸念が示されています。また、あくまでも生産費上昇分を最終的には消費者へ価格転嫁するのが基本とされています。日本でも経済格差が深刻化しつつあります。価格転嫁の結果、特に低所得層の生活を圧迫する問題は無視できません。迅速な価格転嫁は望ましいものの、それだけでは問題の解決にはなりません。農産物の生産費は全て消費者が負担するのではなく、むしろ、農業者に対する所得補償という形で政府が部分的にでも負担することを検討すべき時期に来ているのではないでしょうか。

4　酪農政策のアグロエコロジー的転換を

では、いま、酪農政策をどのように転換する必要があるでしょうか。

第1に、酪農経営が継続できるように、乳価を引き上げる必要があります。すでに引き上げは行われていますが、「危機」による所得減少はまだ十分に補填されていません。ただし、前述したように、上昇した生産費の全てを消費者に価格転嫁するのは持続可能な方法ではありません。

第2に、乳価引き上げに加え、全ての酪農家を対象とした緊急の所得補償を実施し、経営改善を図るべきです。具体的には、乳牛1頭当たりで一律の所得補償を行うのが最も効率的です。中長期的には、酪農家と乳業メーカー、政府が常時、資金拠出を行い、必要な時に酪農家へ所得補填を行う基金の設立が必要です。具体的には、Ｊミルクを事業主体とする脱脂粉乳在庫削減基金制度を常設し、事業目的に緊急時の酪農家に対する所得補償も加えて多目的化するのが望ましいです。とはいえ、常時、所得のかさ上げができるほどの積み立てはできませんから、乳価引き上げまでの一時的な所得補償、あるいは乳価引き上げ額が所得減少に対して不十分な場合の補償という運用になるでしょう。このような補填は牛乳・乳製品の小売価格上昇を抑えることで、一般国民への生活支援にもつながります。電気やガソリンで行えるのであれば、食料でも行うべきです。

第3に、政府によるチーズ国産化対策です。牛乳・乳製品で、近年、唯一消費が増えているのがチーズです。しかし、輸入チーズが生乳換算で年間300万トンもある一方で、国産チーズはわずかに40万トン程度で、チーズ自給率は1割台にすぎません。そこで、輸入チーズの1割、30万トン分を国産化できれば、生乳過剰はかなり解消されます。具体的には、生乳30万トンを対象として、国内のチーズ向け乳価を輸入価格水準まで引き下げて国産需要を喚起し、乳価引き下げによる酪農家の減収分は政府からの奨励金で補填します。必要な予算額は、年間で80億円から160億円程度です（清水池2023d）。同様の枠組みで、バターとの消費のアンバランスが問題になっている脱脂粉乳の輸出促進制度も検討できるでしょう。

第4に、長年行われてきている飼料自給・国産化対策を改めて強化する点も重要です。これまで通りに飼料の輸入依存を続けては、再び「危機」が起きてしまうことになります。これは、今度こそ回避せねばなりません。現在、輸入トウモロコシとの代替が可能な飼料用の子実トウモロコシなどが水田活用の直接支払交付金の対象になっていて、水田転作の場合に高い交付金が支給されています。しかし、子実トウモロコシなどの有望な飼料作物は、畑作物の直接支払交付金の対象になっておらず、コスト面で商業栽培にはハードルがあります。北海道の場合、酪農地帯により近い畑作地帯で栽培できれば、輸送費を低減でき、酪農家はより安い価格での購入が可能になります。水田転作の枠内での飼料作物振興から、農地の畜産利用そのものを振興していくべきです。

以上を総括して最後に、全ての酪農家を対象とする新たな直接支払い＝「グリーン・ミルク・ペイメント」（以下、ＧＭＰ）を提案します。基礎単価を設定して、一定の要件を満たした酪農家に乳牛1頭当たりで交付金を支給します。ＧＭＰが目指すのは、〝自助努力〟する酪農経営への選別的支援からの決別、そして酪農経営の多様性の確保・重視です。具体的には、従来タイプの家族経営に加え、大規模経営、そして放牧・有機・アニマルウェルフェア（動物福祉）配慮・6次産業化（牛乳乳製品の自家加工）などのオルタナティブ経営の共存です。北海道だけではなく、全国に広く酪農経営が存続していくための所得補償の機能も果たします。また、基礎単価に上乗せ支給する要件を設定することで、政策的に望ましい方向へと酪農経営を誘導できます。たとえば、乳製品向けなどの特定用途や一定水準以上の乳質、自給飼料生産、環境保全・気候変動対策、放牧・有機など「特色ある生乳」の生産、アニマルウェルフェア配慮の飼養方法、酪農教育ファームなどの食育機能、6次産業化などが想定できます。将来的には、加工原料乳生産者補給金など既存制度との整理統合も考えられます。なお、前述のチーズ国産化や脱脂粉乳輸出促進の奨励金を、名目上はＧＭＰの形で酪農家に支給すれば、国際貿易交渉上も問題になりづらいでしょう。小さい財源でも構わないので、まずは所得補償という政策スキームを作ることが優先事項です。

5　おわりに――食の民主主義への道――

アグロエコロジー的な政策転換に、消費者・国民が果たす役割はこれから重要になります。単に牛乳・乳製品を消費して酪農を支えるだけではなく、消費者は農業政策の担い手にならねばなりません。従来の農業政策は、農業者や関連事業者が政府・与党に必要な政策を要請し、それら関係主体間の調整を通じて作られてきました。そこには、一般の消費者や大多数の市民が政策に関与する余地はほとんどなかったと言えます。そして、財務省はしばしば市民の理解が得られないとして、「バラまき」とみなした一律の所得補償に否定的でした。しかし、多くの市民はこういった所得補償に否定的でしょうか。

ここで注目すべき概念が、食の民主主義（food democracy）です。食の民主主義とは、全ての市民が、自らの選択に基づき、健康的で人間らしく持続可能な食生活を実現していくことであり、全ての市民が世界・国家・地域・個人のレベルで農業と食のあり方を決定する力を持つことです（Hassanein 2003）。筆者は、食料保障の上位概念として、むしろ食の民主主義を積極的に用いるべきと考えています。今こそ、従来の農業政策から、食の民主主義を実現する政策へと転換すべき時なのです。

私たちにとって農業と食は身近で不可欠な存在です。しかしながら、中長期的視点で取り組む必要がある分野であるため、任期の限られた議員が取り上げることは必ずしも多くはなく、選挙の争点になりづらい分野です。担当省庁と問題関心を持つ少数の国会議員、関連事業者という狭い世界の中で政策の利害調整が行われ、議会制民主主義の利点を活かした大きな政策転換も起きづらくなっています。

ここで、私たちは、気候変動対策の分野を参考にするべきでしょう。欧米諸国では、くじ引きによる無作為抽出で選出された市民で「気候市民会議」を組織し、ファシリテーターの下、専門家のレクチャーを受けながら市民が相互に議論し、熟慮の上、合意に達した対策が、議会や大統領によって国の政策に採用されていく取り組みが行われています（三上2022）。間接民主主義ではない直接民主主義＝「くじ引き民主主義」の取り組みです。気候変動対策は科学的に正解のない政策であり、どこまで行っても政治的に決定するしかありません。農業と食も同様です。以上の説明は国政レベルを念頭に置いた話でしたが、都道府県レベル、市町村レベルでも同様の「市民会議」はあり得ます。むしろ、市町村から都道府県、国政といったボトムアップで、食料・農業政策のあり方を考え、構築していく必要があります。閉塞感が強まる現代の民主主義をイノベートし、消費者・市民が直接、食料・農業政策に関与する格好の事例として、酪農を考えるべき時です。

注

1　本章は、清水池（2023a）、ならびに清水池（2024）をベースとして、再構成をおこなったものです。

2　この酪農家負担額は、2021年度から23年度にホクレンが実施した乳製品在庫削減などの需給緩和対策事業における北海道の酪農家負担額、２０２２年度と23年度にJミルクが実施した乳製品在庫削減対策事業における全国の酪農家負担額の各年度の合計です。前者の金額は、２０２１年度89億円、22年度61億円、23年度42億円です（順に、ホクレン「北海道指定生乳生産者団体情報」臨時号（２０２２年7月11日付）・第２９３号・第３０５号参照）。後者の金額は、生乳出荷量１kg当たり負担額（２０２２年度は45銭、23年度は40銭）に、各年度の系統農協出荷乳量（中央酪農会議「用途別販売実績」）を乗じて求めました。22年度は32億円、23年度は27億円です。

3　清水池（２０２３ｂ）３頁の表1を参照。

4　「所得」＝粗収益－｛生産費総額－（家族労働費＋自己資本利子＋自作地地代）｝です（農林水産省「畜産物生産費統計」より）。なお、粗収益には、配合飼料価格安定基金などの補助金は含みません（加工原料乳生産者補給金は含みます）。

5　地域の農協を経由してホクレン農業協同組合連合会に生乳を出荷する酪農家に限ります。ホクレンの北海道内の生乳集荷シェアは95％程度です。

参考文献

・Hassanein N. (2003) Practicing Food Democracy: A Pragmatic Politics of Transformation, *Journal of Rural Studies* 19(1): 77-86.
・ホクレン酪農部（２０２３）「生乳需給を取り巻く動向について」。
・三上直之（２０２２）『気候民主主義―次世代の政治の動かし方―』岩波書店。
・農林水産省（２０２３）「食料・農業・農村政策審議会答申」（https://www.maff.go.jp/j/council/seisaku/kensho/attach/pdf/17siryo-9.pdf）（２０２４年5月１日参照）。
・清水池義治（２０２４）「『酪農危機』と基本法改正問題―食料民主主義を展望する―」『経済』３４３：44－52頁。
・清水池義治（２０２３ａ）「追い詰められる酪農家―コロナ禍の二重危機―」『世界』９７４：１３２－１３９頁。
・清水池義治（２０２３ｂ）「コロナ禍・生産資材高騰による酪農危機と農業政策の課題」『農業・農協問題研究』

81：2－13頁。
・清水池義治（２０２３ｃ）「酪農王国の光と影―私たちのミルクはどこまで北海道に頼れるか―」『季刊 農業と経済』89（4）：91－１０１頁。
・清水池義治（２０２３ｄ）「輸入から国産へ置き換え可能な用途別乳価実現し増産促す―チーズ奨励金制度創設に必要な予算は最大１５９億円―」『デーリィマン』73（2）：23－25頁。
・清水池義治（２０２２）「酪農・畜産政策の新自由主義的改革と生乳流通」小野雅之・横山英信編『農政の展開と食料・農業市場』筑波書房、１３７－１５３頁。

第5章　有機農産物を学校給食に届けよう

―フランスの公共調達改革[*1]―

1　世界に広がる有機給食

現代社会における危機を人類が克服し、持続可能な社会への移行を達成できるか否かは、現行の農と食のあり方を変革できるかにかかっています。そのため、学校給食などによる農産物・食品の公共調達の変革を通じて農と食のあり方を持続可能なものに再構築し、社会全体の課題を解決しようとする取り組みが、世界各地で始まっています。それは、政府が公共調達という政策的梃子（レバー）を用いて市場介入を強化することによって、より望ましい未来社会を創る試みといえます。そうした意味において、特に公立学校の給食は変革の主体形成の場になると考えられます。

本章は、筆者のインタビュー調査（2021年）と資料調査に基づき、フランスにおける農と食の持続可能性を高めるための公共調達の変革の一例として、地元の小規模・家族農業が生産した有機農産物・食品（以下、有機食材）を調達する取り組みを紹介します。

第2節では、「よい食」（good foods）という概念がどのように構築されてきたのか、食の公正さ（food justice）や食の民主主義（food democracy）を求める運動の展開がどのように公共調達の変革を後押ししたのか、公共調達の変革を進める政策が国際的にどのように進展してきたのか、有機公共調達を実現する上でどのようなことが課題とされているのかを整理します。第3節では、フランスの事例を取り上げ、公共調達を変革し有機食材の導入を進めた経緯、変革の主体、制度・法律、課題とその克服方法を明らかにします。最後に、以上の分析をふまえて、日本における今後の有機給食の取り組みを展望します。

2 「よい食」を学校給食に

（1）「よい食」の概念の変遷

「よい食」、すなわち望ましい食、あるべき食の概念は、時代とともに変遷してきました。第二次世界大戦の直後は日本を含む世界各地で食料が量的に不足し、飢餓状態を脱することが最優先課題でした。しかし、量的な充足が達成されると、次には五感で知覚できる味や鮮度等の品質、および栄養価や安全性といった科学的に計測できる品質が重視されるようになりました。例えば、栄養バランスガイドに代表される食品群・栄養素の分類に基づく「バランスのとれた食事」の指導は、そうした品質を重視したものです。しかし、こうした栄養バランスガイドが学校教育に持ち込まれる中で、米国等では多国籍アグリビジネスが、健康的とは呼べない清涼飲料水や菓子等の販売促進を巧みに教育現場で行ってきたことが指摘されています（ネスル２００５）。実際には、不健康な食事の原因の多くが、工業化された農と食のあり方にあります（FAO, UNDP and UNEP 2021）。

こうした流れを変革しようと、近年になって環境的、社会的、経済的持続可能性を担保するような食こそ「よい食」と呼ぶにふさわしいという考え方が発展しています。例えば、食の公正さ（価値の再配分、人権、労働環境、および文化的適切さ等）は、五感で知覚することも数値化することも容易ではありませんが、明らかに「よい食」を構成する広義の品質です。今や「よい食」は、気候危機対策、生物多様性の維持、格差の是正、地域における循環型経済の構築等に資するものでなければならないと認識されています。そのため、「よい食」の具体的な選択肢としてあげられているのは、地元産であり、小規模・家族農業や中小零細の事業者が生産・製造・販売したものであること、そして有機農産物・食品または無農薬・無化学肥料で栽培されたアグロエコロジカルな農産物・食品です（Good Food Purchasing 2021; Nordic Council of Ministers and Hivos 2019）。

（2） 食の公正さを求める運動の展開

「よい食」を求める運動は、食の公正さや食の民主主義を求める人びとによって発展してきました（Martin and Amos 2017）。それは時に、グローバルな食料システムを支配する多国籍アグリビジネスに対する農業生産者や消費者、環境活動家等による抵抗（レジスタンス）という形態をとります（Bonanno and Constance 2008; Sekine and Bonanno 2016; White and Middendorf 2007）。Gottlieb and Joshi（2010）は、食の公正さを求める運動がアメリカ各地の学校給食を改革し、コミュニティ・ガーデン（地域菜園）の普及に結びつき、最終的には当時のオバマ政権の政策をも突き動かしていったと指摘しています。いまや食料システムは、単に生態系に優しく、カーボンニュートラルを達成するだけでは不十分であり、社会的に公正で民主主義的であることを求められているのです（関根２０２１ａ）。

（3）公共調達を変革する試み

学校給食等の食材の公共調達のあり方を変えることは、工業化された食料システムから脱却するための道を開く鍵であるとの認識が世界各地で広がっています（Guptill et al. 2013）。

ＦＡＯは、「学校における食料・栄養教育」（School-based Food and Nutrition Education: SFNE）プログラムを通じて、健康的な食事を提供するとともに、学童・生徒とその家族、教職員、地元の農業生産者、給食業者・調理員、納入業者、政府を巻き込んで、彼らが変革の主体として行動できるように能力を向上しています（FAO 2018）。さらに、ＦＡＯは、国連世界食糧計画（ＷＦＰ）、国連開発計画（ＵＮＤＰ）、国際農業開発基金（ＩＦＡＤ）、および先進的な取り組みをしているブラジル政府等と協力して、学校給食の栄養改善と地域の小規模・家族農業の振興を結びつける政策を世界各国・地域で推進しています（Swensson 2019; FAO 2021）。食材の公共調達は政策によって変更できるものであり、その波及効果は大きいといえます。学校給食等の公共調達で「よい食」の購入を目指すことは、給食の提供を受ける人の栄養・健康状態を改善し、将来にわたってその人の食生活に影響を与える食育につながり、地域の環境を改善し、雇用を生み出し、循環型経済やコミュニティの活性化に貢献し、政治を変革し、伝統的な食文化の継承にもつながります。欧州諸国やアメリカ、ブラジル、韓国等でこうした取り組みが広がっています（関根２０２２）。

さらに、都市の食料問題や貧困・格差問題等の社会的課題を包括的に解決するために、各地でフードポリシー・カウンシルを設立して、市民参加型の総合的な地域食料政策（ローカル・フードポリシー）を確立する潮流が広がっており、学校給食の改革もこの一環として行われています（秋津２０２１；西山２０２３；立川２０２１）。近年、日本でも学校給食の食材調達において地元産の割合を高めたり（内藤・佐藤２０１０）、有機農産物や無農薬・無化学肥料の農産物の取り扱いを増やしたりする試みが急速に拡大しています（鮫田２０２０；靍・谷口２０２３；安井２０１０；２０２０；渡辺２０２０；本書第９章参照）。

（４）　有機公共調達の実現における課題

以上のように、世界各地で学校給食等の公共調達を改革し、「よい食」を導入することを通じて社会の諸課題を解決し、持続可能な社会を目指す取り組みが行われていることが分かります。

しかし、こうした取り組みを実現する上では様々な課題があったと考えられます。第一に、「なぜ現状維持ではいけないのか」という問題意識の共有の難しさがあげられます。特に、既存の食料システムや公共調達の仕組みから利益を得てきた企業・団体や個人は、公共調達の変革に強く抵抗する可能性があるでしょう。第二に、安定的に有機食材を調達するために必要となる仕組みや支援制度があげられます。第三に、有機食材を導入することは、食材費の値上がり、ひいては給食費の利用者負担や自治体の財政負担の増加につながるのではないかという懸念です。多くの家庭や自治体が追加的支出を望まない中で、関係者が合意形成に至るためには、これは避けて通れない問題です。第四に、最安値・無差別待遇（特定の事業者を有利・不利に扱わないこと）を重んじる公共調達のあり方に政府が介入することが、既存の経済ルールに抵触するという現行制度です。

次節では、フランスにおける有機食材の公共調達をめぐる政策の展開を紹介し、これらの課題をどのように克服したのかをみていきます。

3　フランスにおける公共調達の変革――有機給食を義務化――[*2]

（1）　ＥＵにおける公共調達のグリーン化

ＥＵ委員会は、２０１７年にマルタとともに報告書を発表し、食料の公共調達で有機食材を推奨する方針を示しました（EC and Malta 2017）。同年、ＥＵはポスト２０２０年の共通農業政策（ＣＡ

Ｐ）改革で、小規模農業を支援する政策を強化する方針を打ち出しています（関根２０２０）。

さらに、ＥＵ委員会は２０１９年に新たなグリーン公共調達の基準を発表し、加盟国の任意で公共調達の基準に有機、フェアトレード、動物福祉等を導入できるとしました（EC 2019）。ＥＵは関税同盟であり、単一市場内の自由な競争を促す方針を掲げているため、地元産食材の調達はグリーン公共調達として認めていません。しかし、今後、食材の輸送にともなう環境負荷の評価方法が確立・承認されれば、公共調達の基準として地理的近接性が考慮される可能性があります。同年、ＥＵは欧州グリーンディールを発表し、翌２０２０年には農場から食卓までの戦略（以下、Ｆ２Ｆ戦略）を示して、２０３０年までに有機農業の面積を農地の25％に拡大し、農薬使用量を50％削減し、化学肥料の使用量を少なくとも20％削減することを目標に掲げました（関根２０２１ｂ）。

（２）有機農業の推進

フランスでは、１９９０年代から学校給食に有機食材を導入する運動や取り組みが始まりました。シラク政権（共和国連合党）下の２００１年に農務省と環境省が共同管轄する公益団体として有機局（Agence Bio）が設立され、その後、省庁横断的に有機農業や有機公共調達を進める上で大きな推進力となりました。２００７年には、サルコジ政権（共和党）下で環境グルネル会議が開催され、立法化には至らなかったものの有機農業の拡大にむけた政治的機運が高まるきっかけになりました。オランド政権（社会党）下の２０１４年には、ルフォル農相（当時）が主導して「農業、食料および森林の将来のための法律」（通称、農業未来法）を施行し、アグロエコロジーや地域食料プログラム（PAT）等を推進しました（関根2020）。2016年には、公共調達で地元産食材を優先的に調達するための手法集（通称、ローカリム）を政府が発表しましたが、EU単一市場のルールに抵触しないように「地元産を優遇する」という表現を巧妙に避けています（République Française 2017）。しかし、最安値を原則とする公共入札制度のあり方をめぐっては、改革を求める声が高まっています。

（3） 有機公共調達の義務化

マクロン政権（共和国前進党）下の2018年に成立・施行された食の全般的状況に関する法律（以下、エガリム法I）は、公共調達における食材購入額の20％以上を認証取得した有機食材とし、それを含めて50％以上を高品質な食材にすることを、2022年1月から義務化しました（表5－1）。同法は、他にも農業生産者の所得向上、ネオニコチノイド系農薬の使用禁止、動物福祉の向上、食品廃棄・ロスの削減、プラスティック製品の削減等も義務化しています。

また、政府は2018年に「有機農業への大志」政策を発表し、2022年までに有機農業が全農地に占める割合を15％に拡大すること等を目標に掲げました（Ministère de l'Agriculture et de l'Alimentation 2018）。2022年現在、フランスの有機農業面積は287・6万ha（10・7％）、有機農業経営体は6万経営体（14％）となっています（Agence Bio 2024）。有機食材の市場は120億ユーロ（1・9兆円）／年で、その内67％がフランス産、18％がフランス以外のEU産です（202

表5－1　エガリム法Ⅰで調達が義務化された高品質・持続的食材

分類	公的認証ラベル	分類	認証ラベル
有機 （最低20％）*		高度環境的経営産品 （HVE）	
地理的表示 （GI）		エコラベル 「持続可能な漁業」	
赤ラベル （畜産・養殖）		最周辺地域ラベル産品 （海外領土等）	
伝統的特産品保証 （STG）		農民的産品 （△50％）	ラベルなし

注：フランスではすでに有機100％を実現した自治体もある。短い流通経路（生産者と実需者の間の仲介業者がゼロまたは1つの流通形態を指す）の産品は算定に含まない。短い流通経路は距離の概念ではないことに注意が必要。フランス国内でも議論の混乱がみられる。農民的産品は、ファーマーズマーケットやCSAのものだが、ポイントは50％削減して評価される。

出所：CNRC（2020）より筆者作成。

2年）。

エガリム法Ⅰはマクロン大統領が大統領選挙の公約として掲げた政策であり、多くの有権者が支持しています。フランスでは、当時から国公立の幼稚園から大学の教育機関、病院・介護施設、役所、休暇滞在施設、刑務所の給食、および高齢者向けの配食サービス等の公共調達全体の60％、教育機関の79％で有機食材が導入されていました（2018年）（Agence Bio 2019）。しかし、食材調達額に占める有機食材の割合は、0～100％とばらつきが大きく、全国平均では3％（2017年）から4・5％（2020年）に向上したものの、エガリム法Ⅰが求める20％を達成することは容易ではありません。それでもアンケート調査によれば、給食の有機化を進めることに賛成するフランス市民の割合は、学校給食について90％、病院80％、介護施設77

%、民間81%と高くなっています（Agence Bio 2019）。実際、エガリム法が施行された２０１８年は、公共調達における有機食材の購入金額が前年比で28%も増加しました。２０２２年１月現在、フランスの食材の公共調達額に占める有機農産物・食品の割合は10%に留まっています（Ouest France ２０２２年1月31日付）。しかし、部門別では２０２２年時点で託児所67%、幼稚園・小学校36%、中学校36%、高校21%、介護施設22%となっています（Un Plus Bio 2023）。

（４）有機公共調達の取り組みの事例―サルト県ル・マン市―

フランス北西部に位置するペイ・ド・ラ・ロワール地域圏のサルト県は、人口約54万人で、穀物、畜産・酪農、ワイン用ブドウ、野菜、果物等の多様な農業が営まれる地域です。近年、有機農業の生産が拡大しており、有機農家は３４７経営体（全体の７・３%）、有機農業面積は１万８８００ha（農地の5・1%）となっています（２０１８年）（Chambre d'agriculture Pays de la Loire 2019）。県庁所在地のル・マン市は、首都パリから２００km程の距離で、人口14万人、周辺自治体を含めて21万人の中核都市です。２０１８年以降、ルフォル元農相が市長を務めており、アグロエコロジー推進に力を入れています。

同市では公社が給食センターを運営しており、74校の幼稚園・小学校の53か所の食堂、介護施設、高齢者配食サービス用に1日約１・２万食を調理しています。エガリム法Ｉへの対応として、ル・マン市は年間16万ユーロ（２０８０万円）の追加的予算を組んで、学校給食等の公共調達における有

写真5－1　有機給食を囲む子どもたちと調理員

出所：GAB85（Groupement d'Agriculture Bio de Vendée）提供。

機食材の購入を増やしています（写真5－1、5－2）。公共調達額に占める有機食材の割合は、2％（2014年）から30％（2020年）と、実に15倍に増加しました。さらに、不足しがちな生鮮の有機野菜を安定的に供給するために、ル・マン市は周辺自治体に8・5haの有機農場を整備し、その費用を補助しました。2021年現在、1人の有機農家が農場を経営し、1人を雇用しています。また、ル・マン市の周辺自治体でも公共調達で有機食材や地元産の食材を導入する取り組みが広まってきました。

公共調達で有機食材を購入する場合、自治体によっては農業公社を設立して有機農業に取り組むケースもありますが、地域の個別の有機農家や出荷団体、またそれらの主体が形成する有機農産物の出荷プラット

写真5－2　有機給食用の野菜畑を視察する地元議員や報道関係者たち
（ペイ・ド・ラ・ロワール地域圏サルト県）

出所：GAB72（Groupement des Agriculteurs Biologiques de la Sarthe）提供。

フォーム、有機農家の協同組合、卸売市場や加工業者、小売店からも調達できます（図5－1）。また、Agence Bioがウェブサイトで各地の有機農家、食品事業者、小売店等をリスト化しているので、国内のどこにいても取引相手を探して連絡することができます。また、より地域密着型の有機食材の生産者と実需者のマッチングサイトもあります。

ル・マン市をはじめとするサルト県の自治体では、有機食材を導入しても給食の食材費を値上げしないために、様々な工夫を実施しています。例えば、（1）栄養価が高くて美味しく、しかも価格が安い旬の食材を多く用いるようにし、例えばトマトであれば5月末から9月までしか購入しません。（2）冷凍食品等の加工食品は栄養価が低く、美味しくない上に価格が高いためできるだけ用いず、素材から調理するようにしています。（3）

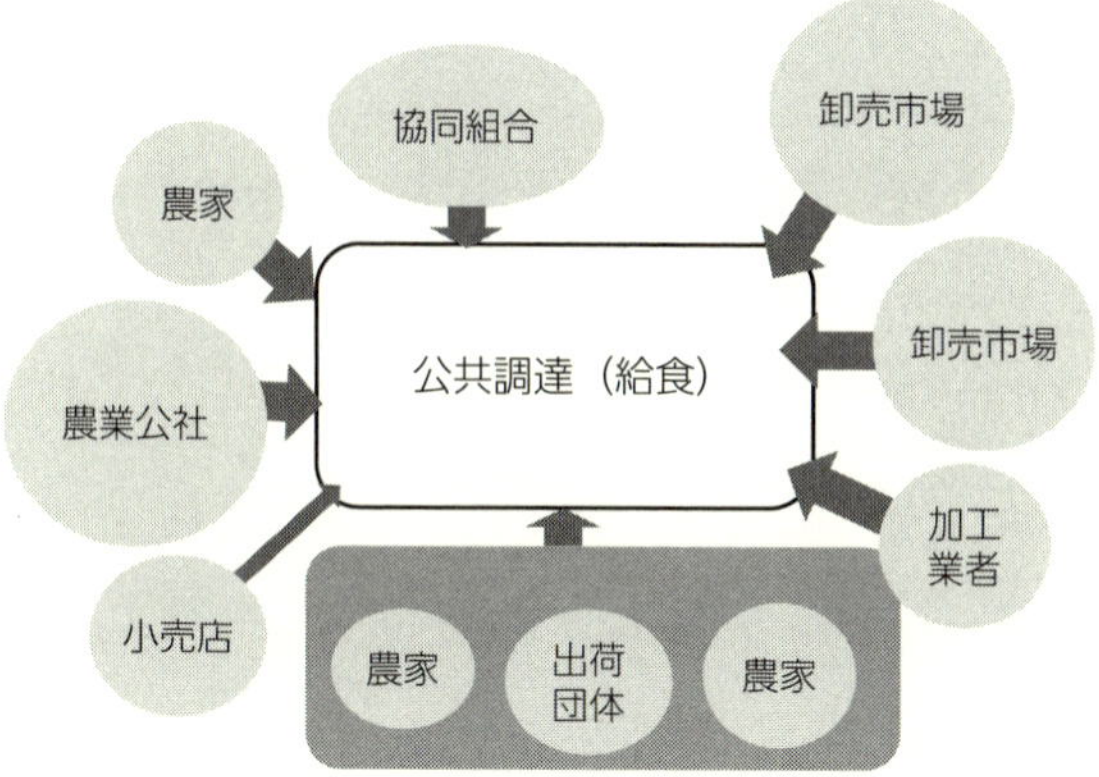

手厚い支援体制
コーディネーター（調整役） 1　地方自治体 2　有機農業生産者団体 3　NPO 法人
アドバイス（助言） 1　有機局 2　全国給食評議会 3　有機農業生産者団体 4　NPO 法人
新規就農支援（有機） 1　地方自治体 2　地元議員 3　有機農業生産者団体

図5－1　有機食材の安定調達の仕組み

出所：インタビュー調査等より筆者作成。

タンパク源を多様化し、食肉や魚肉を提供するときはグラム単位で適正量を測ったり、提供回数を減らしたりして、代わりに卵、乳製品、豆類、全粒穀物、および野菜から摂取できるベジタリアン・メニューを増やしています。（4）食品ロスを削減して、食材の無駄をなくしています。他にも、食品ロスを削減するために、児童・生徒が食べられる量を盛り付けたり、食材（特に食肉）の焼き方を工夫したり、給食の予約管理を徹底したり、食育を行ったりしています。これらの取り組みは、学校給食の有機化を進める非営利団体 Un Plus Bio でも推奨されているものです。ベジタリアン給食の導入頻度が高い学校程、給食食材費は安く、有機食材率は高く、高価格の有機食肉の導入率も高くなっています（図5－2）。こうした取り組みにより、有機食材を導入している自治体の7割で給食の食材費は導入前と変わらないか、むしろ減少しました（Un Plus Bio 2020）。

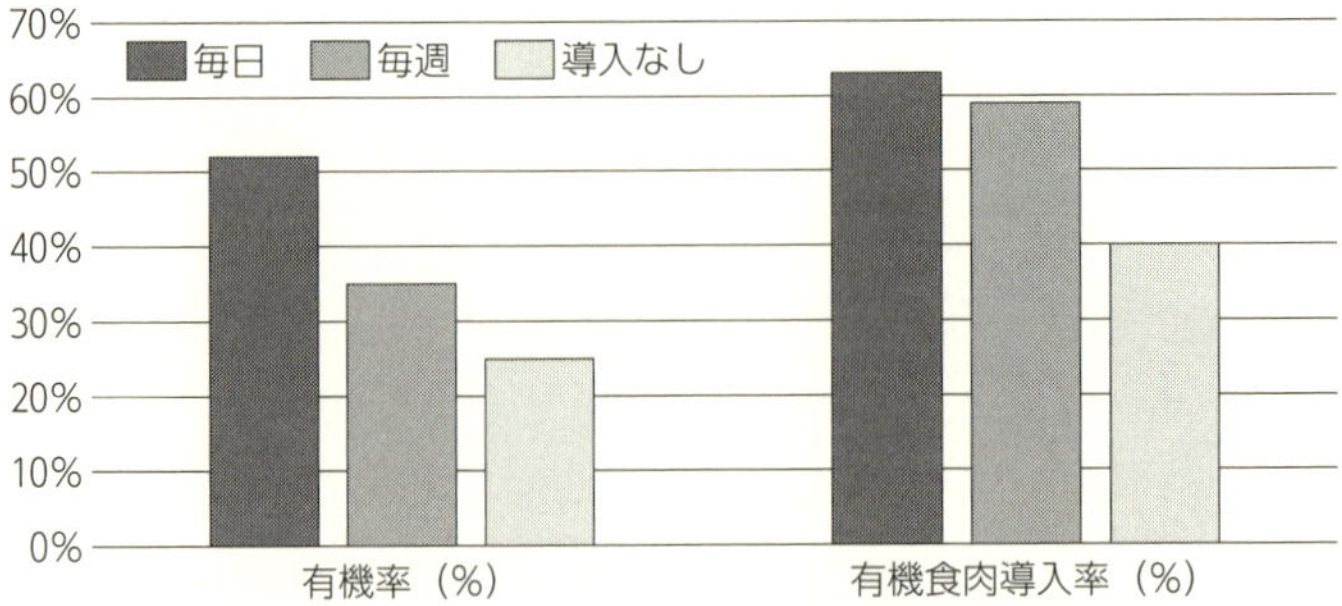

図5－2　ベジタリアンメニュー導入の頻度と結果

注：給食食材費はベジタリアンメニュー導入頻度「毎日」が1.96€/食、「毎週」が2.06€/食、「導入なし」が2.30€/食だった。

出所：Un Plus Bio（2020）より筆者作成。

4　日本でも有機給食を広げるために

本章では、フランスを事例として、公共調達で「よい食」、すなわち地元の小規模・家族農業が生産した有機食材を調達する取り組みを実施した経緯、変革の主体、関連する制度・法律、課題とその克服方法について、インタビュー調査および資料調査から分析しました。その結果、以下の4点がみえてきました。

第一に、世界的にグローバル化による貧困・格差、農業生産者の困窮、地域経済の衰退、農薬や遺伝子組み換え食品による消費者の健康被害や環境問題等の諸課題が、それぞれ独立した個別の問題ではなく、根底で相互につながっている問題（工業的で公正・民主主義的でない農と食のあり方の問題）として認識され、それらの諸課題を同時に解決する親鍵（マスターキー）として公共調達の変革が行われています。すなわち、現状の分析と課題の原因の特定なくして、

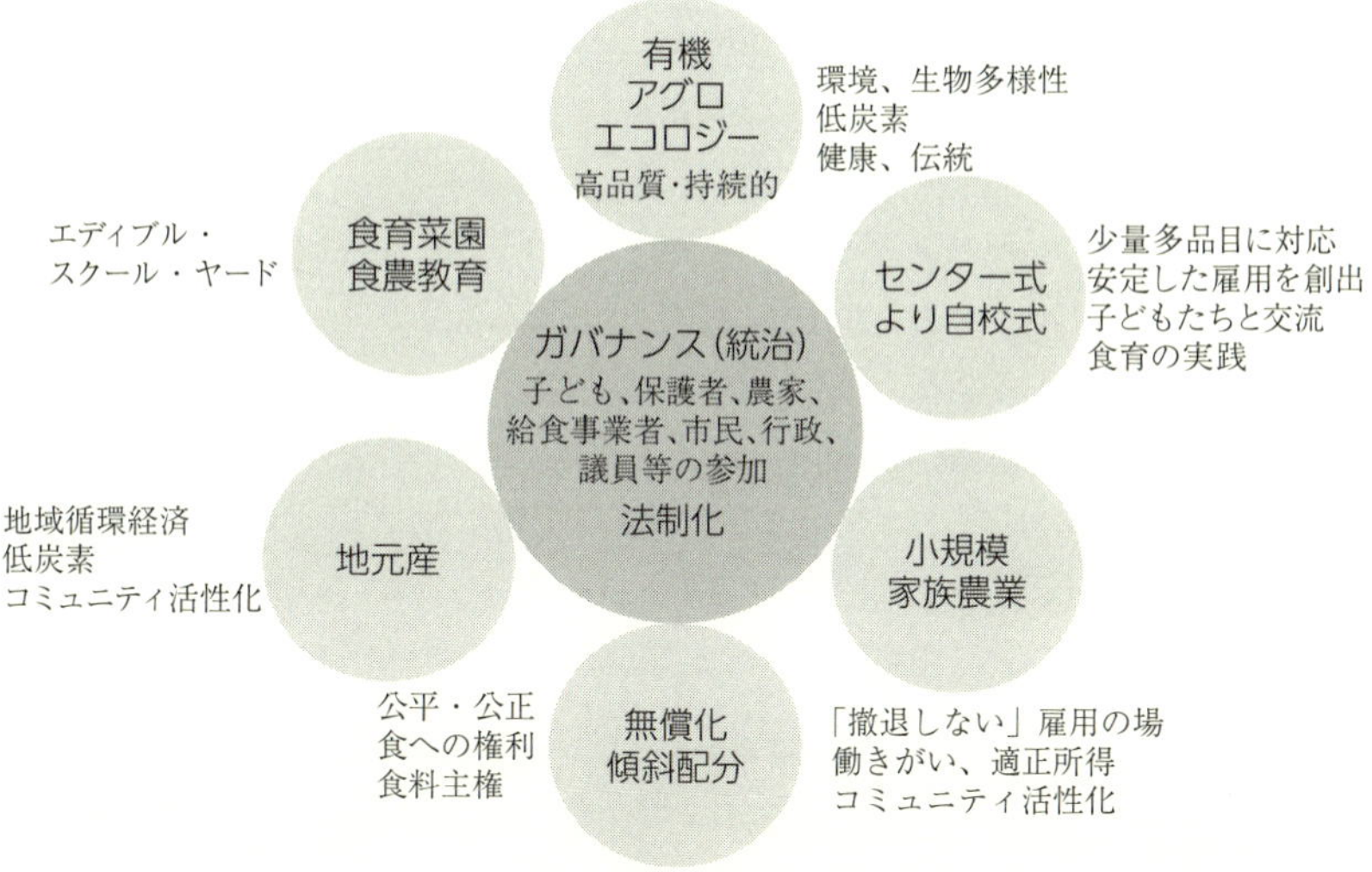

図5－3　公共調達で「よい食」を調達するために実現したいこと（概念図）

出所：インタビュー調査等より筆者作成。

公共調達を変革するエネルギーは生まれないのです。

第二に、フランスでは、全国レベルの法整備と予算措置によって有機公共調達を推進しています。これは、中央政府が公共調達の改革を行わざるを得ない状況を、草の根の市民運動・農民運動が作り出すことに成功しているためです（図5－3）。地域に有機農家が少ない場合は、まず地域の実態を調査し、関係者の意見交換会を実施して有機食材の調達計画を立てることが重要です。最初は年に1日だけ、1品だけでも有機食材のメニューを導入して、「小さく始めて大きく育てる」とよいでしょう。また、地域でコーディネーター役を務める人材の対話技術（コミュニケーション能力）を研修等で高め、有機農業への新規参入を促しつつ、地域の慣行農家に有機農業への段階的な転換を検討してもらうことも、その地域で有機農業を拡大するために求められます。

第三に、フランスの事例から有機食材の公共調達を増やしても、必ずしも給食の食材費は増加しないことが分かりました。食材費の値上がりを避けるために実施されているタンパク源の多様化は、栄養学的にみても健康的で望ましいとされており、食品ロスの削減は食料保障や気候変動対策、食の倫理の観点からも欠かせない取り組みです。しかし、食材費は抑制できても、調理の手間や設備には追加支出が必要な場合もあります。野菜のサイズのばらつきが大きく皮むき機械が使えない場合は、有機食材なので皮を剥かずに「一物全体」で食べることを食育として教えることも重要です。しかし、それでも追加的に発生する費用については、他の予算を削って予算を創出したり、納税者の理解を促したりする取り組みが必要になるでしょう。発想を変えれば、人件費の増加は有機公共調達によって地域に雇用が生まれ、新たな地域経済循環が起きるととらえることができます。給食費を利用者の保護者の所得水準によって傾斜配分を強化することで、食料への権利をより広く保障することにつながります。さらに、学校給食を無償化する取り組みも世界各地に広がっています。

最後に、フランスの事例から、公共調達のあり方をめぐって政府の役割と自由市場の関係が問われていることが浮き彫りになりました。実際、フランスではEU単一市場のルールが有機公共調達を実現しようとする人びとの前に立ちはだかっていますし、ブラジルや韓国ではかつて、WTO農業協定のルールが障害になったことがありました（関根2022）。しかし、食料への権利や環境への配慮、安全性、品質認証制度等を動員すれば、「脱出口」は開かれるということが明らかになりました。さらに、食料への権利の視点からＷＴＯ農業協定自体の段階的廃止が国連人権理事会で議論されています（Fakhri 2020）。ＥＵでも環境影響評価の手法を確立し、現行の公共調達の入札制度を見直すべきだという議論が始まっています。自由市場のルールや公共調達の既存の制度を所与と見なすのではなく、あるべき未来社会を起点として今何を行う必要があるのかを柔軟に考え、実行することが重要です。その際、幅広い主体（農業・農民団体、消費者団体、保護者、住民、環境団体、科学者・学会、メディア関係者等）が連携して情報を共有し、食料システムの持続可能性を高めるような新しい政策を求めて政治を動かしていくことが求められます。

日本でも２０２２年10月に「全国オーガニック給食フォーラム」が東京で開催され、２０２３年6月には全国オーガニック給食協議会が設立されました。農林水産省の調べによると、有機学校給食に取り組む全国の自治体数は、１２３自治体（7・06％、２０２０年）から１３７自治体（7・9％、２０２１年）、１９３自治体（11・2％、２０２２年）と急速に拡大しています。[*3] みどりの食料システム戦略（２０２１年5月、農林水産省策定）やその法制化（２０２２年制定・施行）が進められる今、フランスの取り組みにも学びながら、日本の各地域に根ざした食と農の改革が多くの自治体に広がることを願っています。

注

1　本章は、関根（２０２２）をもとに、フランスの事例を中心に再構成したものです。

2　本節の記載は、特に断らない限り筆者のインタビュー調査にもとづいています。
3　全国の自治体数は、１７４１自治体（２０２０年末）、１７２４自治体（２０２１年末・22年末）となっています。

参考文献

・Agence Bio (2024) *Les chiffresclés*. Paris: Agence Bio.
・Agence Bio (2019) *Guide d'introduction des produits bio en restauration collective*. Paris: Agence Bio.
・秋津元輝（２０２１）「食政策の統合によって地域の魅力を取り戻す―日本版ローカル・フードポリシーの意義と役割―」『農業と経済』87（４）：６－16頁。
・Bonanno A. and Constance D. H. (2008) Stories of Globalization: Transnational Corporations, Resistance, and the State. PS: The Pennsylvania State University Press.
・Chambre d'agriculture Pays de la Loire (2019) *Observatoire régional de l'agriculture biologique en Sarthe*. Chambre d'agriculture Pays de la Loire.
・CNRC (2020) *Les mesures de la loi Egalim concernant la restauration collective*. CNRC.
・EC (2019) *EU Green Public Procurement: Food and Catering Services*. Brussels: EC.
・EC and Malta (2017) *Public Procurement of Food for Health: Technical Report on the School Setting*. EC and Malta.
・Fakhri M. (2020) *Interim Report of the Special Rapporteur on the Right to Food*. The United Nations General Assembly.
・FAO (2021) *Program of Brazil-FAO International Cooperation: Implementation of a Model for Public Procurement within Rural Family Farming for School Feeding Programs*（https://www.fao.org/in-action/program-brazil-fao/projects/public-procurement/en/）（２０２１年６月20日参照）.

・FAO (2018) *School Food and Nutrition: School-based food and nutrition education* (https://www.fao.org/school-food/areas-work/based-food-nutrition-education/en/)（２０２１年６月20日参照）.
・FAO, UNDP and UNEP (2021) *A Multi-billion-dollar Opportunity – Repurposing Agricultural Support to Transform Food Systems*. Rome: FAO. https://doi.org/10.4060/cb6562en（２０２１年６月20日参照）.
・Good Food Purchasing (2021) *The Good Food Purchasing Values* (https://goodfoodpurchasing.org/program-overview/)（２０２１年６月20日参照）.
・Gottlieb R. and Joshi A. (2010) *Food Justice: Food, Health, and the Environment*. Cambridge: MIT Press.
・Guptill A. E., Copelton D. A., and Lucal B. (2013) *Food & Society: Principles and Paradoxes*. Cambridge: Polity Press.
・Martin D. and Amos A. (2017) What Constitutes Good Food? Toward a Critical Indigenous Perspective on Food and Health. In Koç M., Sumner J., and Winson A. (Eds.) *Critical Perspectives in Food Studies. Second Edition*. Don Mills: Oxford University Press.
・Ministère de l'Agriculture et de l'Alimentation (2018) *Programme Ambition Bio 2022*. Paris: Ministère de l'Agriculture et de l'Alimentation.
・内藤重之・佐藤信編著（２０１０）『学校給食における地産地消と食育効果』筑波書房。
・ネスル・マリオン著、三宅真季子・鈴木眞理子訳（２００５）『フード・ポリティクス―肥満社会と食品産業―』新曜社。
・西山未真（２０２３）「フードポリシーに基づいてローカルフードシステムを形成するための現行基本法改正に必要な視点」『農業市場研究』32（３）：39－51頁。
・Nordic Council of Ministers and Hivos (2019) *Democratising Good Food*. Nordic Council of Ministers and Hivos.
・République Française (2017) *La boîte à outils des acheteurs publics de restauration collective*. Paris: République Française.

・鮫田晋（２０２０）「学校給食のお米すべてを有機米にする―千葉県いすみ市―」『農業と経済』86（８）：49－53頁。
・関根佳恵（２０２２）「世界における有機食材の公共調達政策の展開―ブラジル、アメリカ、韓国、フランスを事例として―」『有機農業研究』14（１）：７－17頁。
・関根佳恵（２０２１ａ）「グリーンでスマートな農業？―農と食の持続可能性をめぐる分岐点―」『世界』（９４９）：２３９－２４７頁。
・関根佳恵（２０２１ｂ）「日本の小規模・家族農業政策はどこに向かうのか？―ＥＵとの比較から―」『農業と経済』87（３）81－88頁。
・関根佳恵（２０２０）「持続可能な社会に資する農業経営体とその多面的価値―２０４０年にむけたシナリオ・プランニングの試み―」『農業経済研究』92（３）：２３８－２５２頁。
・Sekine K. and Bonanno A. (2016) *The Contradictions of Neoliberal Agri-Food: Corporations, Resistance, and Disasters in Japan.* WV: West Virginia University Press.
・Swensson L. F. J. (2019) Aligning policy and legal frameworks for supporting smallholder farming through public food procurement: the case of home-grown school feeding programmes. Brasília: International Policy Centre for Inclusive Growth (IPC-IG) *Working Paper* (177): 1-39.
・立川雅司（２０２１）「参加型で地域の食政策をつくる―米欧のローカル・フードポリシーの歴史と特質―」『農業と経済』87（４）：17－24頁。
・靍理恵子・谷口吉光編（２０２３）『有機給食スタートブック―考え方・全国の事例・Ｑ＆Ａ―』農文協。
・Un Plus Bio (2020) *Observatoire de la restauration collective bio et durable: l'analyse d'Un Bio Plus.* Un Bio Plus.
・Un Plus Bio (2023) Observatoire de la restauration collective bio et durable: l'analyse d'Un Bio Plus. Un Bio Plus.
・安井孝（２０２０）「地産地消・有機給食とまちづくりの30年―愛媛県今治市―」『農業と経済』86（８）：54－59頁。

・安井孝（2010）『地産地消と学校給食―有機農業と食育のまちづくり―』コモンズ。
・渡辺啓道（2020）「有機学校給食から一農家として長野の食と農業を考える」『農業と経済』86（8）：68－73頁。
・White W. and Middendorf G. (2007) *The Fight over Food: Producers, Consumers, and Activists Challenge the Global Food System*. PS: The Pennsylvania State University Press.

第6章　アグロエコロジーの実践を地域から
―島根県の事例をもとに―

1　はじめに

本章は、アグロエコロジーの考え方に基づく営農の実際と、地域農業を支える第三セクターについて、島根県の事例を紹介します。

はじめにアグロエコロジーの実践例として紹介するのは、島根県邑智《おおち》郡邑南町で稲作と畜産を組み合わせた有畜複合経営を行っている長谷川敏郎さんです。長谷川さんは本書第3章の執筆者で、農民運動全国連合会（以下、農民連）の会長でもあります。殺虫剤や農薬、化学肥料をできるだけ使わず、地域資源と生態系を活用しながら、どのような営農が行われているのか、さらには土壌分析の結果や、経営資料の分析などの視点からどのように評価できるのか、示したいと思います。

次に、安心・安全にこだわった農産物加工を展開し、地域農業と雇用を支えている第三セクター・

吉田ふるさと村について紹介します。これら2つの事例を通じて、アグロエコロジーへの転換とはどのようなものかについて考えたいと思います。

2 長谷川さんによるアグロエコロジーの実践[*1]

(1) 中山間地域における地域資源の利用のあり方とその消滅

1950年代後半までの中国山地の農山村では、国土保全や環境保全といった公益的機能が発揮されるかたちで地域資源が管理されていました。つまり、農山村には集落を中心として、奥山、里山、水田が広がっていて、奥山で刈り取った下草や落ち葉は、里山で飼育している牛の糞尿と混ぜて水田の堆肥として利用したり、炭焼き小屋でつくった木炭を都市で売って現金収入を得たりしていたのです。**図6-1**のように、奥山、里山、水田を有機的・連鎖的に結合させて、米+和牛+木炭+特産品（木材、楮、和紙、麻、養蚕等）を生産して地域住民が収入を得るというかたちで、地域資源（奥山、里山、水田）を利用・享受・保全するという構図があったのです（永田1988）。

しかし、化石燃料や化学肥料、輸入飼料の普及によってこうした地域資源管理は姿を消しました。また、高度経済成長期に石油が普及したことで、木炭生産がほとんど消えてしまいます。さらに、化学肥料が普及したことで、堆肥を供給する目的において和牛は見向きもされなくなり、奥山や里山も利用されず、放置されていきました。それまでの伝統的な地域資源利用の姿が大きく変わり、人間と自然との結びつきが弱まったのです。こうして農山村が持つ生態系や生物多様性を保全する機能も低下していったのでした。

近年、ウクライナ戦争の勃発などによって農薬、化学肥料、輸入飼料の国際価格が急騰し、これらの国内自給が喫緊の課題になっています。かつての農山村における地域資源利用を再評価し、これを現代的に再生していくことが、今こそ求められているのです。

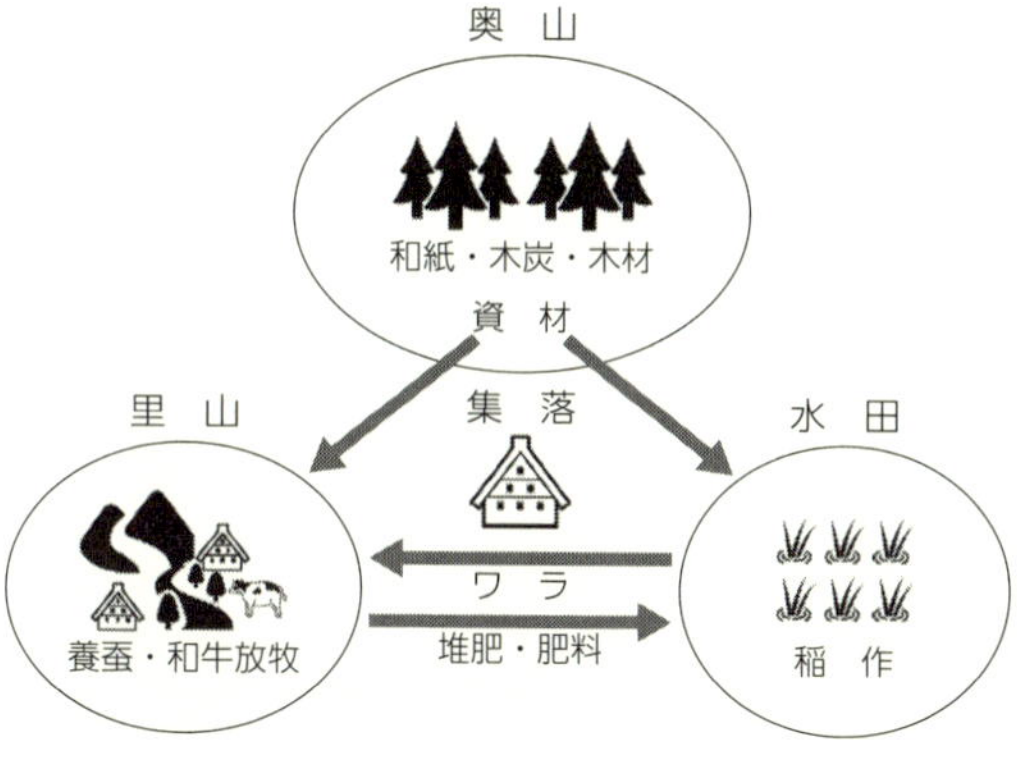

図6−1　かつての農山村における地域資源利用のあり方

出所：八木・関（2019）、121頁を一部修正。

（2）　地域資源の循環的利用と長谷川さんの営農

かつての地域資源利用のあり方に学びつつ、現代的にこれを再生していこうと取り組んでいるのが長谷川さんです。こうしたアグロエコロジーに基づく営農とは具体的にどのようなものか、みていきましょう。

長谷川さんは、広島県境付近の中山間地域、島根県邑智郡邑南町で、米作りと繁殖和牛を組み合わせた有畜複合経営を営んでいます。長谷川さんは9代目の世帯主で、自宅前にある水田はおよそ300年前から水稲をつくり続けているといいます。水田は約1・2ha（12反）[*2]、森林約28ha（うち自宅裏7ha）、黒毛和種の母牛2頭と子牛2頭の小規模

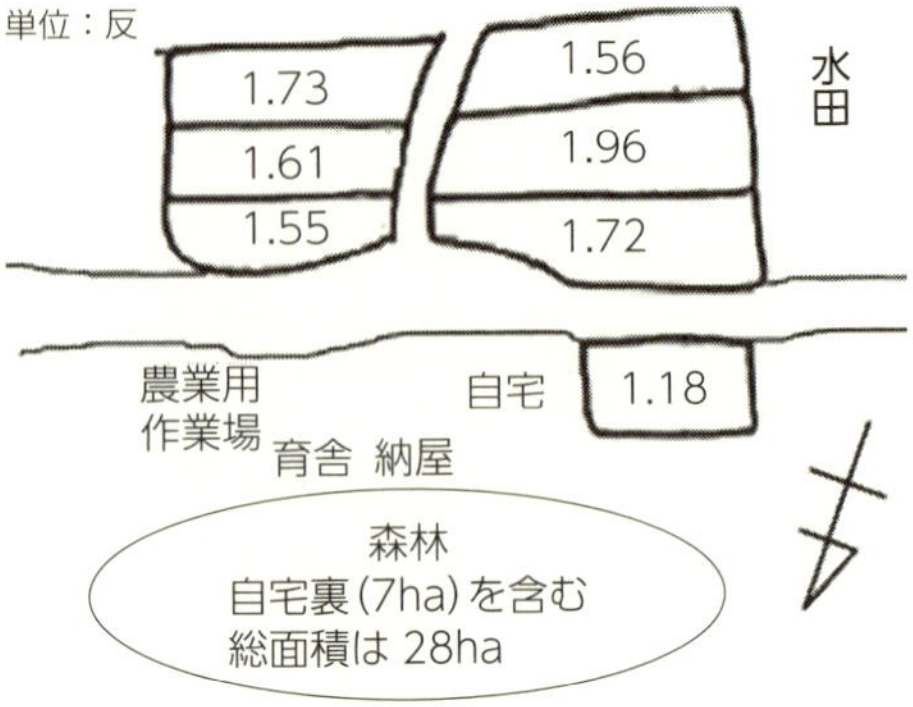

図6－2　長谷川さん作成の自宅周辺概略図

出所：北山・関（2024）を一部修正。

家族経営です（図6－2）。30年ほど前から除草剤は年に1回しか使用しておらず、殺虫剤は基本的に使わない稲作を実践してきました。和牛については、母牛2頭を元手に人工授精によって年産子牛2頭を目途に繁殖を行っています。

自宅の裏に広がる森林を活用しているのも、長谷川さんの営農の特徴です。プロパンガスや灯油は使わず、裏山の雑木や間伐材を、自宅の床暖房と給湯用のウッドボイラーの燃料として活用し、毎年10月から翌年4、5月のあいだの暖房として使用しています（写真6－1）。また、林道整備で出てくるササや下草、落ち葉などを牛の厩舎の敷料に活用し、最終的には稲作の有機堆肥として水田に投入します。枝打ちや下草刈りを行ってしっかり管理された長谷川さんの森林には太陽の光が入り込むので、ツツジもきれいに咲くといいます。

長谷川さんが利用する堆肥は、自前の資源を循環・活用して生産され、水田に投入されています。牛舎横の空地に牛糞尿、そのほかにササ、落ち葉、米ぬか、もみ殻、稲わら、ウッドボイラーから出る木灰、生ごみ等と一緒に積み上げ、1年間放置します（写真6－2）。稲わらは、子牛が生まれた時期だけ牛舎に敷き[*3]（敷きわら）、糞尿と一緒に集めます。春先になってから機械（パワーショベル）で堆肥を切り返して、田植えの2か月前に水田へと投入・還元するのです。長谷川さんによれ

写真6－1　間伐材や雑木を森林から運び出し、薪として利用します。

出所：長谷川敏郎さん提供。

ば、和牛は成牛1頭で年間約7トンの糞尿を排泄するので、成牛2頭と子牛2頭（成牛1頭分）から年間21トンの牛糞尿が供給されます。これに稲わら、もみ殻、米ぬか、木灰や落ち葉を混合して熟成させると、年間40トンの有機堆肥が生産でき、1反あたり4トン弱を投入できるといいます。[*4] 水田から収穫されたものをすべて水田へと返すという物質の収支バランスを意識し、長年かけて堆肥の生産方法を経験的に確立してきたとのことです。

次に、牛の飼料についてみていきましょう。夏場は、水田の周りのあぜに生える草に加え、周辺の道路の法面《のりめん》の雑草を刈り取り

写真6－2　堆肥生産について説明する長谷川さん

出所：筆者撮影。

図6－3　長谷川さんによる地域資源利用の構図

出所：東《ひがし》芙《ふう》花《か》さん作成。

乾燥させたもの、さらには自宅裏の森林に自生するササの葉を合わせ、自家製飼料として利用しています。また、稲刈り後の稲わらをビニールハウス内に保管して乾燥させ、冬期の飼料の一部とします。こうして繁殖和牛経営のための飼料代を抑えることができているといいます。

　このように、長谷川さんの自宅では裏山から切り出した木を燃料にウッドボイラーで暖房や給湯をすべてまかない、そこでできた木灰は自らが飼っている牛の糞尿や落ち葉、もみ殻、米ぬか、生ごみなどと混ぜて水田の堆肥として利用・還元しているのです。さらに、牛の飼料は水田のあぜ草、裏山に生える下草や稲わらを充てるなど、里山に囲まれた中山間地域ならではの営農スタイルです。「森林」「水田」と「牛」がセットになって、地域資源を循環利用し、生態系の力を活かしながら持続可能な営農が行われているといってよいでしょう（図6－3）。

（3）殺虫剤の代わりに生態系の力を利用する

　長谷川さんは、殺虫剤などの農薬をほとんど使用しません。殺虫剤の代わりをするのは毎年のように長谷川さんの納屋にたくさんの巣をつくって滞在する15～17家族、約130羽のツバメです（写真6－3）。長谷川さん宅の前の電線にツバメがずらっと並んで、一斉に水田の上へと飛び立ってカメムシやウンカといった害虫をとり、せっせと巣にいる子ツバメへと運んでいくといいます。このほかにも農薬を使わないことが、害虫の天敵（カエル、クモ等）の住みやすい環境を整え、結果として害虫被害を抑えることにつながっています。長谷川さんの水田にはカエルが数多く生息しているため、田植えから稲刈りまでの間、サギも寄ってきて、ずっとカエルをついばんでいるといいます。また、水田にクモの巣がびっしり張っている様子（写真6－4）からも、多様な生き物のバランス、生態系のバランスを保つことが害虫駆除につながっていることがわかります。

長谷川さんが殺虫剤などの農薬を使用しない営農スタイルに取り組み始めてから3～5年間は、ウンカが大量発生したそうです。それでも根気よく続けていると、大量発生がなくなったといいます。それは、クモなどをはじめウンカの天敵となる多様な生き物が復活し、生態系のバランスが回復したおかげだといいます。つまり、かつてはウンカを農薬で殺すと同時にウンカの天敵も退治してしまってい

写真6－3　納屋のなかのツバメの巣とヒナ

出所：写真6－1と同じ。

写真6－4　早朝の長谷川さんの水田とクモの巣

出所：写真6－1と同じ。

表6－1　長谷川さんの水田と、化学肥料を施用している隣接した水田との土壌分析結果の比較

圃場	No.	全窒素［%］	全炭素［%］
長谷川さんが管理する水田	1	0.40	3.76
	2	0.27	2.73
	3	0.31	3.02
	4	0.26	2.55
	5	0.31	3.29
	6	0.31	3.17
化学肥料を施用する水田		0.25	2.26

出所：関ほか（2023）を一部修正。

たため、農薬を止めたとたんに、ウンカの大量発生が起こっていたのです。生態系のバランスの重要性を象徴するエピソードといえるでしょう。

（4）土壌分析からみた長谷川さんの稲作

化学肥料を使わない、長谷川さんの水田の土壌はどのような状態か、専門家に分析してもらいました。稲刈りを終えた水田の土壌を採取し、全炭素および全窒素含量を測定したのです。長谷川さんの水田6枚を対象に、それぞれ5か所、深さ15cmの土壌を採取して混ぜ合わせ、分析サンプルとしました。隣接する化学肥料を使っている水田からも、同様に土壌サンプルを取って比較した結果が表6－1です。

長谷川さんの水田の土壌は、化学肥料で管理された水田と比較して同等もしくはそれ以上の全窒素および全炭素含量となっています。また、そのバランスも理想的な比率になっているといいます（関ほか2023）。土壌の分析・測定をした佐藤邦明・島根大学准教授によれば、「土壌の貯金残高が高い状態」と表現できるといいます。長谷川さんの水田は、長年の畜産由来の有機堆肥の投入によって肥沃度の向上と維持ができており、土壌分析の観点からも合理的で持続可能なかたちであることが明らかになりました。

（5）　農業経営としての長谷川さんのアグロエコロジー実践の合理性

以上のような長谷川さんの有畜複合経営は、経営的にみてどのように評価できるでしょうか。このことを検証するため、長谷川さんから1999〜2020年の農業経営資料を提供してもらい、「農業収支・支出帳簿」のデータを中心に分析しました。詳細な分析結果は北山・関（2024）に譲りますが、ここではその大要を示したいと思います。

長谷川さんの農業経営の全体状況は以下の通りです。収益合計は年間220・9万円（1999〜2020年平均、以下同じ）で、このうち自家消費を含む米販売と和牛の販売額は190・4万円、中山間地等直接支払交付金などの雑収入は30・5万円となります。費用合計は255・0万円で当期利益はマイナス34・1万円です。しかし、ここでの費用合計には、減価償却費（牛除く）[*5]79・9万円が含まれますが、実際に現金支払が行われているわけではないので、この79・9万円を除くと、毎年45・8万円が手元に残っていることになります。

このうち稲作部門について詳しく見てみましょう。島根県では米の単収は1反当りおおよそ510kg[*6]であるのに対して、長谷川さんの水田では450〜500kgで、慣行農業よりも若干収量が少ない傾向があるといいます。これを前提に、慣行農家との1反当たり販売額を比較してみたいと思います。長谷川さんの場合、1989年頃からの女性団体である新日本婦人の会（以下、新婦人）との米の産直や農業体験を通じた交流を続けており、販売先も県内の新婦人や農民連を通じて、あるいはつながりのある個人との相対取引が中心となっています。販売価格は玄米30kg当たり9000円[*7]です。収穫量を1反当り450kgとした場合、販売額は13・5万円／反となります。一方で、慣行農家のお米の販売価格が30kg当り6500円[*8]で、収穫量が1反当り510kgとすれば販売額は11・1万円／反です。つまり、1反当たりの収穫量は慣行農家よりも少なくとも、化学肥料や農薬を使っていないことが付加価値となって高単価での直接販売が可能となっており、1反当りの販売額が大きくなっているのです。

繁殖和牛部門ではどうでしょうか。1999～2020年の年間平均で、収益合計49万円（内訳は和牛販売額46・3万円、肉用牛子牛生産者補給金などの雑収入2・7万円）、費用合計は41・1万円で、利益として7・9万円の黒字に留まっています。しかしながら、あぜ草を自家製飼料として利用し、水田の面積と見合った糞尿量を産み出し、有機堆肥を供給するかたちで、地域資源の管理や稲作部門にとっても重要な役割をはたしており、互いに補い合う関係となっている点に注目すべきでしょう。

さらに、2004～2018年の「営農類型別経営統計」（以下、営農統計）から、長谷川さんと同規模の水田作付面積1・0～2・0haの個別経営の全国平均の費用について抜き出し、比較してみました[*9]。

営農統計による全国の肥料費の年平均は一経営体当たり16・5万円であるのに対して、長谷川さんは2・9万円、費用全体に占める割合でみても、全国平均より8・4％少なくなっています。このように肥料費が安く済む要因は、すでに述べたように有機堆肥を自家調達しているためです。長谷川さんによれば、２０１４、２０１５、２０１７年の3か年だけ一部、市販の有機堆肥を使用したといいますが、高価である割には食味改善の効果がなく、落ち葉などの投入量を増やせば自家製堆肥とほぼ変わらないと判断し、それ以降は使っていないといいます。

農薬についてはどうでしょうか。営農統計における「農業薬剤」の費用は年間一経営体当たり12・7万円であるのに対し、長谷川さんのところでは7・7万円（除草剤6・7万円＋殺虫剤1・0万円）、費用割合でみても全国平均より4・5％少なくなっています。ちなみに、ここで購入されている殺虫剤は、害虫対策として重要な役割を果たしているツバメの卵をヘビから守るために使用されているものや、牛舎のハエ・蚊用殺虫剤だといいます。

繁殖和牛の飼料費については、全国平均と比べて12・9％高い割合となっています。しかし、家畜経営をそもそも行っていない稲作・果樹・野菜作経営等を含んだうえでの全国平均の割合であること、加えて通常の和牛繁殖農家の場合、飼料費を牛への投資として資本勘定へと計上しているのに対して、長谷川さんの場合は資本勘定立てずにすべてを費用として計上しているため、高い割合を示しているのです。このように、全国平均との比較は資料上の制約などから困難な面があるものの、飼料費についても必ずしも高コスト構造とはなっていないと考えられます（北山・関２０２４）。

長谷川さんのような、自然と向き合いながら地域資源を有効利用し、生態系の力を活用した営農のあり方は、収量が若干落ちる場合があるとはいえ、化学肥料も農薬も極力使わないためコストが削減できており、農業経営としても理にかなっているといえます。

（6）まとめにかえて

以上のように長谷川さんの営農は、地域資源を利用している点で環境面からみて持続可能であるだけでなく、経営的にも合理的で持続可能であるということがわかります。長谷川さんの実践から、アグロエコロジーへの転換の具体像と、その大きな可能性を見出すことができるといってよいでしょう。これを踏まえて、今後の課題や重要なポイントをまとめてみたいと思います。

第一に、長谷川さんの取り組みを地域の中で面的に広げていくことが課題となります。２０２０年時点で、島根県邑智郡邑南町内の和牛繁殖農家数は26戸、飼養頭数は４００頭を割り込んでいます。１９６０年の同地域には４２９５戸の農家数があり、多くの農家が牛を１～２頭飼い、地域全体で４０００頭を超える牛がいました。しかも、長谷川さんが行っているような営農スタイルが一般的で、輸入飼料に頼らず、牛糞は農地に還元され、地域の資源利用・循環が成立していたのです。長谷川さんの事例が示すように、今でもこうした地域の営農のあり方を実践できる条件があり、農業経営の観点からみても合理的なものです。地域全体でこうした実践を面的に広げていく、そのための支援が自治体に求められています（長谷川２０２３）。

第二に、アグロエコロジーの実践は、かつての営農の姿へと後戻りするということではなく、過去に培ってきた知恵に学び科学的に位置付け、現代的に再生する、という点が重要です。例えば長谷川さんは、軽トラックやウッドボイラーなどもしっかりと活用し、昔に比べて省力的なかたちでの地域資源の利用・循環を実践しています。また、かつては経験や体験の中で、思い込みでの技術の伝承もあったでしょう。しかし今は、科学的な分析や知見をもとにして、新しい技術を自分のものにして地域の実情に適用し、地域資源の利用と循環をつくることができるのです（長谷川・関2023）。

第三に、アグロエコロジーの実践は農山村・農民で完結するのではなく、都市住民も含む社会全体での取り組みが求められるという点です。長谷川さんの実践を支えていたのは、新婦人をはじめ、安心・安全な食べ物を求める都市の消費者とのつながりでした。また、消費者として農産物を購入するだけではなく、農業体験などを通じて顔の見える関係でつながりながら、農山村と都市との交流をすすめ、支えていました。都市住民が農産物購入によって一方的に農山村を支えるという関係ではなく、都市住民の食を農山村が支えているという意味で、相互に補い合う関係性を重視することが、アグロエコロジーへ転換していくうえでの大きなポイントとなります。

3　地域農業を支える地域密着型第三セクター・吉田ふるさと村[*10]

（1）吉田ふるさと村の沿革

島根県松江市から車で50分ほどの中山間地域・雲南市吉田町（2004年に吉田村を含む周辺6町

村が合併し、雲南市が成立）では、かつては薪炭生産や製材業などが盛んでしたが、石油へのエネルギー転換や低価格の外材の輸入によって地域が衰退し、１９５０年代に５０００人以上だった人口が、２０２４年5月には１４１０人（５９６戸）、高齢化率52・６％となっています（吉田ふるさと村２０２４）。

この地域に株式会社吉田ふるさと村（以下、ふるさと村）という小さな企業があります。ふるさと村は、地域衰退への危機感から１９８５年に官民共同出資で作られた、地域密着型の第三セクターです。設立時の資本金１５００万円のうち三分の一を当時の吉田村が出資し、残りは村内に設立趣意書を配布して1株5万円で村民に出資を募りました。その結果、目標を上回る人数の村民から申し込みがあったといいます。２０２４年現在の資本金は６０００万円（雲南市25％、法人・団体48％、個人27％）で、いまも１００名を超える地元住民が個人株主になっています。設立当初４８００万円だった年間売り上げは、２０２３年度で約5億円、職員数も設立当時の6名から79名へと増え、地域のなかでもっとも大きな企業へと発展してきました。ふるさと村は地域を基盤に発展し、設立当初から地域貢献を第一に掲げるユニークな会社です。

（2）吉田ふるさと村の事業とその特徴

ふるさと村の売上高のうち多くを占めているのが、農産物を加工したドレッシングや調味料、スパイスといった製品の販売です（２０２３年度決算で売り上げの32％）。地元農家が化学肥料や農薬の使用を控えて栽培した安心・安全な農産物を原料に農産加工品を製造・販売することで、地域の農家を支えているのです。このほか、地域に水道事業者がいないため、住民の生活インフラを支えるべく、管工事、水道施設工事、簡易水道施設の管理も行っています。また自治体からの指定管理を受けて温泉宿泊施設「清嵐荘《せいらん》」の経営や、市民バスの運行委託など、幅広く住民に密着した業務を担っています。

２０１０年からは旅行業登録をし、地域資源を活用した旅行商品の企画・販売といった観光事業を開始しました。かつてこの地域に根付いていた「たたら製鉄」という文化を継承しながら、都市部との交流人口の拡大、ひいては定住人口の拡大を目指して取り組んでいます。たんに観光客を呼び込むだけではなく、地域の観光資源について住民自身が案内・説明でき、ホスピタリティを高めるための研修を実施するなど、地域に対する住民の愛着や価値の再発見を促すことも狙っているといいます。

また、２０２４年現在は一時的に停止していますが、２００８年から農業部門を新設し10年以上にわたって、特定法人貸付事業を活用してゴマ、シイタケ、タマネギの生産にも取り組みました。地域の農家が高齢化するなかで安全・安心にこだわったドレッシングや調味料の原料を確保するため、また、耕作放棄地の解消といった地域環境の保全、さらには後継者育成のために、短期的な収益を度外視して農業生産を行っていたのです。

（3）地域における吉田ふるさと村の役割と意義

ふるさと村が地域において果たしている役割は第一に、雇用の創出です。ふるさと村では商品がヒットして生産が追いつかなくなった時でも、ビン詰め作業やラベル貼りを機械化せずに、手作業にこだわることで住民の雇用の確保を優先しています。あえて手作業にこだわるのは、異物混入を避けるという安心・安全の意味もあるといいます（**写真６－５**）。

第二の役割は、農産加工品・特産品の開発、製造、販売を通じて地域農業を維持することです。ふるさと村は、地元農家と契約栽培した原料（とうがらし、玉ねぎ、ごま、生姜、にんにく、米など）から、添加物を一切使わずに加工することで、安心・安全を打ち出した製品を販売しています。これらドレッシングや調味料、スパイスといった製品は、一般の商品よりも高額ですが、こだわりを持った生協や専門店などを中心に流通しており、地域別の売上高でみると、関東地方で45％、近畿地方で20％を占めています。ちなみに、島根県内は８％、島根県を除いた中国地方で10％となっています（２０２３年度）。

ここで注目すべきは、ふるさと村の企業姿勢です。「（農協を通じて）市場に出して儲かるときには、農家自ら出荷してもらってよい。ふるさと村は、形が悪いが安心して口にできる農産物にこだ

写真６－５　手作業による瓶詰めの様子
出所：吉田ふるさと村提供。

わり、それを引き受ける」という考えに基づいて、高齢者による生きがい農業を支えているのです。これは、農作物の買取価格を、10年間の平均価格より少額上乗せした水準に設定している点に端的に現れています。つまり、農産物市場価格の変動が激しいなかで、ふるさと村がそのショック吸収（バッファー）機能を果たすことで、地域農業が維持され、高齢の契約農家[*11]は、安心して農業にいそしみながら「収穫の喜び」を得つつ、「小遣い稼ぎ」が可能になっているといえます。いわば高齢の農家の「収穫の喜び」という生きがいを、ふるさと村が保障してきたといってよいでしょう（**写真6－6**）。

ふるさと村は、短期的に利益をあげていくよりも、地域に安定した雇用を生み出し、また農産物加工を通して地域の小規模農家を支えることで、持続可能な地域を目指しているのです。

写真6－6　契約農家の皆さんとともに

出所：写真6－5と同じ。

（4）吉田ふるさと村の企業理念が示すこと

ふるさと村が掲げる企業理念のなかに「むらの時間でときを刻む」という、印象的なフレーズがあります。安全・安心にこだわって、じっくり時間をかけて納得のいく農産物や加工品をつくること、ヒット商品によって生産が追い付かなくなることがあっても、機械化や事業の急拡大を自制しながら、「むらの時間」に合わせて地域とともに歩んでいく、同社のこれまでの歴史がうまく表現されたフレーズです。さらに、地域の雇用創出と高齢者中心の小規模農家を前提とした「生きがいとしての農業」を支えるなど、何よりも地域の持続可能性を第一に考えていることが読み取れます。こうしたふるさと村の取り組みは、アグロエコロジーへの転換を展望するうえで、大変に示唆的なものだといってよいでしょう。

4　おわりに

以上、長谷川さんのアグロエコロジーの実践、第三セクター・吉田ふるさと村の実態や地域農業を支える企業理念などについて紹介してきました。本書で示されるように、島根県に限らず、足もとの地域から、アグロエコロジーへの転換の動きが全国各地に広がっています。この流れをそれぞれの立場から後押ししていくことが、私たちに求められているのです。

注

1　本節の一部は、北山・関（2024）を大幅に加筆、修正したものを含みます。

2　概略図に記してある水田のほか、自宅近くに0・56反と0・14反の小町（小さな水田のこと）があります。これらを合わせると、12反となります。

3　長谷川さんによれば、稲わらを裁断して利用するのは手間がかかることから、冬場の飼料の一部として利用する分と子牛用の敷きわらが確保できる量だけを回収し、残りは水田に残しているといいます。その代わりに、一般にはあまり使われていないもみ殻を敷料として利用しています。その方が牛舎からの糞尿の搬出作業も容易で、発酵しやすいため、堆肥生産に向いているとのことです。

4 とくに木灰は、植物の三大栄養素のカリを供給するうえで重要な役割を果たしています。

5 長谷川さんは、雌牛が生まれた場合に手元で育てて母牛としています。このように資産としては新たに導入しないため、減価償却費への計上は行っていません。

6 2010～2016年の「米の収穫予想」の7年間平均より。米穀データバンクによる（http://www.japan-rice.com/main.htm）（2024年6月24日参照）。

7 長谷川さんがアグロエコロジーの実践を始めた約30年前から、30kg当たり9000円という販売価格は変わっていません。長谷川さんによれば、当時の農水省による生産費調査の数値をもとに設定したとのことでした。

8 JAしまねの1等上米～3等米について、2018～2022年の平均買取価格（30kg）はそれぞれ1等上米6767円、1等米6447円、2等米6107円、3等米5546円となります（JAしまね2018～2022）。また、中国四国農政局生産部生産振興課（2023）によると、島根県の1等米比率は72・1%でした。これらを勘案して、少し高めに30kg6500円と想定しました。

9 費目の対比が可能な「営農類型別経営統計」（https://www.maff.go.jp/j/tokei/kouhyou/noukei/einou_kobetu/）（2024年6月24日参照）が2004～2018年の期間に限定されているため、長谷川さんの帳簿のデータも同期間のみを取り上げて比較しています。

10 本節の記述は、関・北垣（2011）および2024年5月実施の同社への聞き取り調査による最新状況をもとに執筆しています。

11 契約農家10戸ほどに加え、相場を見ながら自分の裁量で農産物を持ち込むスポット取引の農家が10戸ほどあり、すべて地域内の農家です。

参考文献
・長谷川敏郎（２０２３）「都心への一極集中から地域での農業へ―循環型地域社会の再生こそ―」『住民と自治』７１９：20-23頁。
・長谷川敏郎・関耕平（２０２３）「対談：〈食べる〉ことから社会変革がはじまる―アグロエコロジーで農民と労働者の連帯を（上）」『学習の友』８４３：40-49頁。
・ＪＡしまね（２０１８～２０２２）「ＪＡしまねびより（各年版）」（https://ja-shimane.jp/kouhoushi/）（２０２４年6月24日参照）。
・北山幸子・関耕平（２０２４）「中山間地域における有畜複合経営の実態分析―島根県邑南町におけるアグロエコロジーの実践と経済的持続性をめぐって―」『山陰研究』16：35-51頁。
・永田恵十郎（１９８８）『地域資源の国民的利用―新しい視座を定めるために―』農山漁村文化協会。
・関耕平・一戸俊義・北山幸子・佐藤邦明・松本一郎（２０２３）「耕畜連携による持続可能な農家経営の実態分析―島根県邑南町を事例に―」日本環境学会研究発表会（２０２３年度）報告論文。
・関耕平・北垣由香（２０１１）「『担い手』支援と自治体農政の地域的展開―島根県下の公的セクターによる農家への支援・農業参入を事例に―」『山陰研究』４：１-21頁。
・中国四国農政局生産部生産振興課（２０２３）「中国・四国地域における水稲の現状（２０２３年3月）」（https://www.maff.go.jp/chushi/seisan/kome/attach/pdf/index-3.pdf）（２０２４年月24日参照）。
・八木信一・関耕平（２０１９）『地域から考える環境と経済―アクティブな環境経済学入門―』有斐閣。
・吉田ふるさと村（２０２４）「地域密着型第3セクターの歩み」吉田ふるさと村（視察資料）。

コラム　里山でサステナブルな社会づくりの担い手を育む

筆者は、行政職、自然学校職員を経て、2015年に一般社団法人まちやまを設立し、東京都町田市およびその周辺で、環境教育、ESD（Education for Sustainable Development：持続可能な社会づくりの担い手を育む教育）を実践しています。

【里山や菜園を活用した、本物の自然に触れる場づくり】

週末は、親子向けの里山体験イベント「まちやまひろば」（以下、「ひろば」）を主催しています。籾まきから脱穀、餅つきまでの一連の工程を体験できる米づくりを軸に、流し素麺や門松づくりなどの竹を使った活動、冬の営みとして落ち葉かきや味噌づくり、そして早春のヨモギ団子づくりと、四季折々の里山暮らしの原体験を提供しています。

「ひろば」の実践編として、月1回のペースで自然菜園体験「まちやまファーム」を開催しています。貸し農園とイベントの間のイメージで、家族ごとに4㎡のマイ畝を設定し、それぞれ希望の作物を無農薬・無化学肥料で育ててもらっています（**写真**）。参加者の皆さんからは、「体験で自然の良さを実感し、移住を決めた」「スーパーで旬の食べ物を選ぶようになった」といった嬉しい声を聞くことができています。

写真　まちやまファームで鍬をふるう子どもたち

注：最初に安全な使い方を教えたら、あとはやりながらどんどん上手になっていく。
出所：筆者提供。

平日は、小学校や青少年施設で里山教育を実践しています。タブレット端末などを用いたＩＣＴ教育が普及した今だからこそ、意識的に野外に出て本物の自然に触れる機会を作ることが大切だと考えています。

里山の中でも、特に菜園は学びの場として打ってつけです。筆者は、米カリフォルニア州バークレーで１９９５年に発祥した学校菜園の取り組み（エディブル・スクールヤード・プロジェクト）に２０１７年に出会い、食を教育の軸に据えて「いのちのつながり」を学ぶという理念に共感して以来、エディブル教育を実践してきました。筆者自身、子どもの頃、学校で習ったことが日々の暮らしと繋がっていることに気づいた瞬間、一気に学びに対する意欲が高まった実体験があり、単なる食育や家庭科の枠を超えて、各教科の学びの場に

「食」を活用することの有効性を確信しています。

帝京大学小学校（多摩市）では、敷地内の未利用緑地を活用したいという校長先生からの要請を受け、2022年度から「里山プロジェクト」に参画しています。敷地内での資源循環が大きなテーマの一つとなっていて、具体的には、竹で落ち葉コンポストの枠を作り、できた腐葉土を畑に入れて、生活科や理科における野菜づくりに活用しています。また、4年生の社会科で習う3R（リデュース、リユース、リサイクル）の実践編として段ボールコンポストを体験してもらうことで、5年生から始まる家庭科の調理実習で出る野菜くずを当然のようにコンポストに投入するといった、学年を超えた継続的なカリキュラムデザインを提案しています。出来た堆肥は畑に戻され、そしてまた食べ物になって子どもたちに還っていきます。

子ども創造キャンパスひなた村（町田市）では、従前は草を刈るだけだった遊休地を、地域サポーターと協働して体験菜園に仕立て、2021年から放課後の小学生を対象とした自然菜園クラブを開催しています。筆者は講師として、子どもたちと一緒に土づくりから、種まき、苗植え、草刈り、そして収穫まで、一連の活動を進めています。穴掘りや虫探しが好きな子が多く、あえて虫の住処を確保するために草を残したり、畝間の通路を広く取ったりしています。生産効率だけではない世界が広がり、子どもたちが存分に大地と繋がれる場になっています。

「人間が自然の一部である」ことは自明の理です。現代人が日常的にその実感を得ることは難しいですが、いのちの循環や生態系の繋がりといった自然の摂理を心や体で感じる「原体験」があるかないかで、その後の選択は多少なりとも変わってくると信じています。今は多様な価値観を認め合う時代ですが、筆者はこの「理」だけは胸に刻んでおいてほしいと、常々思っています。

【サステナブルな社会を目指して、人と土を繋ぎ直す】

人は食べなければ生きていけないのですから、今後も私たちが地球上で幸せに生き続ける土台の一つに「安定した食料供給」があるのは間違いないでしょう。それに対して、長年いわれて続けている課題が、担い手不足です。

食育の現場では、「食べ物を作るのは、こんなに『大変』なんだよ。だから大切に食べようね」というようなフレーズがよく聞かれます。農家さんが日々苦労されているのは事実だと思いますが、必ずしも「農」は辛いことだけではありません。自らの食を自らの手で生み出す行為はクリエイティブで、ワクワクする営みでもあります。だから筆者は、「食べ物を作るのは、こんなに『楽しくて嬉しい』ことなんだよ。だからみんなで作ろう」と呼びかけたい。一人一人が小さな農を実践していくことは、担い手不足の解消に貢献するだけでなく、すっかり土と離れて暮らすようになった多くの日本人にとって、生きる実感や喜びを得られ、豊かな人生を送るための、一つの有効な手段にもなり得ると考えています。

日本はすでに人口減少のフェイズに入り、都市部でもエリアによっては空き家や空き地は徐々に増えていくことでしょう。10年後、成人した子どもたちが、土のある空間を求めて使われなくなった駐車場のアスファルトを剥がし、心を躍らせて鍬を振るう姿を妄想しながら、筆者は「人と土を繋ぎ直す」という自身の使命を全うしていくつもりです。

小さくても物質が循環する里山的な空間が増え、そこで、生きる喜びを感じながら楽しく活動する食の担い手が増えていくことを、心から願っています。

第7章　ＪＡによる有機農業の取り組み

1　日本の有機農業とＪＡ

２０２１年5月に農林水産省が公表した「みどりの食料システム戦略」（農林水産省２０２１）では、耕地面積に占める有機農業の取り組み面積の割合を２０５０年までに25％（１００万ha）に拡大することが目標として掲げられています。しかし、日本の有機農業の現状は２０２１年では、農地に占める有機ＪＡＳ認証取得農地の割合は０・３％、有機ＪＡＳ認証を取得せず有機農業を営む農地を加えても０・６％という少なさです（農林水産省２０２４）。

設定された高い目標に向けて日本の有機農業を大幅に拡大するためには、国内農産物の販売先の過半を占める農業協同組合（以下、ＪＡ）が生産・販売両面で有機農業を推進することが必要でしょう。しかし、現状では、多くのＪＡは、有機農業を推進するというよりは、むしろこれまで有機農業に取り組むことに消極的でした。

その理由として、農薬や肥料の販売がＪＡの仕事の1つであることがあるでしょう。また、有機農産物の販売の難しさもあります。有機農業に取り組む農家の多くは、規模の小さい少量多品目を生産する経営です。このような少量多品目の生産形態は、ＪＡが目指す特定品目の産地化、ブランド化を通じた高単価の確保とは馴染みにくいことがあります。そもそも、有機農産物の国内のマーケット自体があまり大きくない中、多くのＪＡは有機農産物の販売に対してこれまではむしろ消極的であったといえるでしょう。

それでも、有機農業に取り組むＪＡはいくつも存在します。本章では、有機農業への取り組みを積極的に推進しているＪＡを紹介し、より多くのＪＡが有機農業に取り組むには何が必要かについての考察をしたいと思います。

2　有機農産物の販売と人材育成を共に進めるＪＡやさと[*1]

茨城県の筑波山の麓にあるＪＡやさとは、有機農業を推進するＪＡとして有名です。

ＪＡやさとが有機農業に取り組み始めたきっかけは、１９７６年から始まった東都生協との卵の産直活動でした。１９９５年からは東都生協と野菜ボックスの取り扱いを始めました。野菜ボックスを買い支え続けてくれる消費者に、より価値の高い有機野菜を届けたいと、ＪＡの職員が以前か

写真7－1　「ゆめファーム」の圃場（JA やさと）

出所：筆者撮影。

ら有機農業に取り組んでいた農業者を説得し、1997年に生産者9名で有機栽培部会を立ち上げました。

さらに、JAやさと管内で有機農業をやりたいという就農希望者の存在をきっかけに、JAは1999年に有機農業に特化した研修施設「ゆめファームやさと」を開設しました。「ゆめファームやさと」は、毎年研修生1家族を受け入れます。研修期間は2年であり、1年間ずれながら常時2家族が研修しています。研修生1組ごとに圃場90aとハウス1棟（**写真7－1**）、農機具などが貸与されます。ゆめファームには研修生に栽培技術を教える専属の講師はおらず、代わりに研修生には先輩有機農家が世話役として割り当てられます。世話役農家は技術指導だけではなく、農地探しなどのサポートをします。研修生は研修を開始した年から、先輩農家と相談しつつ生産・販売計画を立て、自ら生産した農産物を有機栽培部会を通じて販売します。こうすることで、有機栽培部会の販売ベースに乗って生産し、経営として独り立ちするために必要なことを身につけていきます。

これまで「ゆめファームやさと」の研修生合計約30戸は、3戸が家庭の事情などで離農・休業した以外は全員が就農し農業を続けています。２０１７年には、「ゆめファームやさと」を立ち上げたJAの元職員が行政と協力し、廃校を利用した有機農業の研修農場「朝日里山ファーム」を開設しました。同ファームの研修も、有機部会員がサポートします。JA管内２つの研修農場から毎年２戸が有機栽培部会に加わることになりました。

現在の有機栽培部会の加入者は31戸、その８割以上は他地域の非農家出身者、いわゆるIターン就農者です。部会員の平均年齢は44歳ととても若いです。

生産者の増加とともに有機栽培部会の販売高は増えており、今やJAやさとの野菜の販売額の半分を占めるようになっています。JAやさと以外でもそうですが、慣行栽培と有機栽培の両方を行う人や、これまで慣行栽培をしていた人が有機栽培へ転換する人はほとんどいません。有機農業に取り組むなら最初から有機の研修をしないと、と有機農業に特化した研修施設を作ることをJAが提案した当時は、なぜ有機農業だけなのかとJA内や組合員からの反対も強かったそうですが、この研修システムがあるからこそJAやさとの有機農業は生産者数を増やすことができたといえるでしょう。

有機農業を始めた新規就農者は全国に多数いますが、その多くが経営的には苦しい状況にあります。

その中でＪＡやさとの新規就農者が有機農業で定着できている理由は、ＪＡが有機農産物を売っていることであり、新規就農者にとって就農当初から安定した販路が確保されていることです。有機農業の新規就農者の多くが販路の確保に苦労している中で、ＪＡやさと管内の新規就農者は作物を作ることに専念できます。有機野菜の販路は7割が生協、２割が量販店、１割が市場出荷向けであり、全体で30件程度の販売先にＪＡはきめ細かく販売しています。

ＪＡやさとがこのような販売戦略をとれる背景には、この地域がどのような作物も作れる土地柄であること、規模の小さい未合併ＪＡであること、そのためもともと産直を主体に少量の産品を販売先ごとに細かく売ることを通じて販売を伸ばし、販路を増やしてきたことがあります。このやり方を有機栽培部会でも引き継いできました。生産者数が増える中、２０２１年度の有機農産物の販売額は対前年比１１０％で増えており、今は販路が確保されていても、今後は販路をさらに増やし広げていかなくてはなりません。ＪＡは生協での販売の着実な積み上げとスーパーからの細かい受注の確保等、販路の多角化を目指しています。

3　生協の契約産地から出発したおおや高原有機野菜部会[*2]

大屋高原は兵庫県養父市大屋町の北部にあります。この標高５００～７００ｍの高原に、「兵庫県営農地開発事業」により１９７８年から10年をかけて農地が造成されました。

その頃、兵庫県の生協であるコープこうべは、生協理念の追求やスーパー等との差別化を図るため、フードプランの導入を考え、有機農産物を生産する提携産地を探していました。フードプラン商品とは、「環境に配慮して生産され、生協組合員と生協、生産者が信頼しあう商品」であり、農薬や化学肥料・抗生物資にできるだけ頼らずに生産されることが基本です。「有機農業は雑草の種が周辺農地に広がる」などの理由から周囲の農家の理解が得られない中、農地が孤立していて周辺に影響を与えない大屋高原であればということで、1991年に大屋高原はコープこうべのフードプランの最初の提携産地の1つになりました。取り組み産地に対して、コープこうべは「生産費所得補償方式」により農産物を高い価格で契約し買い取ることで農業者の所得確保を行ってきました。

1989年から大屋高原では雨除けハウスを導入し、1991年からコープこうべと提携して本格的に有機栽培が始まりました。1997年にJAたじまの「おおや高原有機野菜部会」が設立され、現在は9戸の部会員が有機JAS認証を取得し、コープこうべのフードプラン契約産地として、ホウレンソウ、ミズナ、ミニトマトなどを生産しています。ホウレンソウについては、夏場に数量が確保できる貴重な産地となっています。冬期は積雪のため営農期間は4~12月に限られており、生産者は大屋地域の全域から高原に通う「通勤農業」を行っています。部会員9戸全体で、畑地面積18・8ha、雨よけハウスが約290棟、部会員当たりの平均面積は約6000㎡で、2022年度の販売実績は約6000万円となっています。

「おおや高原有機野菜部会」では、次世代に産地を繋ぐという発想のもと、就農希望者を受け入れ、新規就農者が高齢で引退する組合員の事業を継承したり、使われなくなった農地の活用を行ったりすることで、産地の維持を図っています。現在、9戸の部会員のうち6戸が新規就農者です。就農希望者は近く引退が予定されている生産者の元で研修を行うことで、農地や施設などの継承を進めています。

「おおや高原有機野菜部会」による有機農業や新規就農者を受け入れての産地継承の取り組みに対しては、様々な機関がサポートをしています。

ＪＡたじまは、「おおや高原有機野菜部会」とコープこうべとの契約取引の窓口であるとともに、有機農産物の生産と出荷に不可欠な野菜集出荷センターや堆肥センターの運営を行い、新規就農者に対してはハウスや機械リース事業を通じて支援をしています。

研修中および就農後の技術支援については兵庫県の農業改良普及センターが中心となります。農業改良普及センターでは、生産者等と連携して1998～2003年にかけて大屋高原での有機栽培技術を科学的に検証し、堆肥の作り方や使い方などの基本の技術体系についてのマニュアルを作成しました。その後も兵庫県立農林水産技術総合センターと連携してマニュアルの見直しなどを行い、大谷高原の有機農業の技術面を支えています。

養父市は2023年6月に「オーガニックビレッジ」を宣言し、同時期に策定した「人と環境にやさしい農業ビジョン」では、将来にわたって持続する農業の展開のために、環境保全型農業への転換、有機農業の拡大を方策の中心に据えています。おおや高原野菜部会の部会員は全員有機ＪＡ

S認証を取得していますが、養父市は有機認証取得費用に対して、補助率1／2、上限2万5000円の助成を行っています。このように「おおや高原有機野菜部会」を中心に関係機関が連携してサポートを行うことで、産地の継承が図られているのです。

4　BLOF理論に基づく有機農業の普及を図るJA東とくしま[*3]

2024年2月10日から12日の3日間にわたり、「オーガニック・エコフェスタ2024」がJA東とくしまの大型直売所である「みはらしの丘　あいさい広場」を主会場に開催されました。初日は農業従事者向けの講演会を中心とした「有機農業技術者会議」、2日目は一般消費者向けのマルシェなどで構成され、2024年からは東京会場での流通シンポジウムも開催されました（**写真7－2**）。「オーガニック・エコフェスタ」は、有機農業者の交流による「技術の向上」「知識の習得」「消費者の生物多様性農業への理解の促進」「消費拡大」を目的としたイベントであり、2012年から毎年開催されています。JA東とくしまはコープ自然派とともにこのイベントを主催しており、JA東とくしまの組合長が実行委員会会長を務めています。

JA東とくしまはこれまで無農薬米・特別栽培米・ネオニコチノイド系の農薬を使わない米の生産拡大、さらにはJAとして有機農業の拡大に取り組んできました。JA管内には、「みどりの食料システム戦略」の取り組みを推進するためのモデル団地（管内の平坦地域に特別栽培米と無農薬米のモ

写真7－2　みはらしの丘直売所のエシカル農産物コーナー（JA東とくしま）

出所：筆者撮影。

デル団地、中山間地域にミカン、ブドウ、香酸柑橘等のモデル団地）の設置を進めており、２０３０年までには４２０haにまで拡げることを目標に掲げています。

ＪＡ東とくしまには「特別栽培米部会」があり、小祝政明氏の提唱するＢＬＯＦ理論（表７－１）に基づいた特別栽培米および有機栽培米の生産に、２０２３年現在１０３戸（米農家全体は約１５００戸）、１２０haで取り組んでいます。ＢＬＯＦ理論とは、土壌分析を行い、次の３つの分野について科学的・論理的に

表7－1　BLOF理論が重視する3分野

(1)	作物生理に基づいたアミノ酸の供給
(2)	土壌分析・施肥設計に基づいたミネラル肥料の供給
(3)	太陽熱養生処理を用いた土壌団粒形成、土壌病害菌抑制、水溶性炭水化物の供給

出所：株式会社ジャパンバイオファーム（2021）より筆者作成。

営農していく栽培技術です。(1)作物生理に基づいたアミノ酸の供給、(2)ミネラルの供給、(3)太陽熱養生処理を通じて、「高品質」「高収量」「高栄養」の作物を栽培することを目指しています。

約15年前に当時のJAの営農指導員が米の低価格、生産者の減少への対策として、小祝政明氏の提唱するBLOF理論に取り組み始め、浸透させてきました。小祝氏のBLOF理論についての話を聞き営農指導員自ら実証してみたところ、収量が拡大し、食べると美味しい米であること等の効果を見て、2～3年ほどで周辺の農家が取り組みを始め、2017年頃には40戸ほどが取り組むようになりました。そこでJA管内に呼びかけ、BLOF理論に基づく稲作に取り組む生産者が拡大し「特別栽培米部会」も設立されました。

通常は有機農業の方が慣行栽培よりも収量が落ちると思われていますが、BLOF理論に基づき有機農業に取り組んだ場合、農法転換後に収量は増えます。また、有機農業の課題である除草についても、転換して4年目頃から雑草が発生しなくなる、といったメリットがあります。

一方、土壌分析が必要である、施肥を成分別に行うため、施肥回数が通常の3～4倍になり、追加的な労力を必要とするという課題があり、近年取り組む生産者数が減少する原因となっています。

ＪＡ東とくしまの有機農業は、資材（有機堆肥）に関しては地元の養鶏業の廃棄物の有効活用と結びつき、安価に入手できるという好条件に恵まれています。また、徳島県は椎茸の出荷量が全国１位であり、ＪＡ東とくしまのある小松島市は県内でも最大の産地ですが、そこから発生する椎茸菌床が産業廃棄物化していました。しかし、廃棄された椎茸菌床でみみずを養殖し、微生物が豊富で栄養価の高い堆肥にする技術が開発され、この「みみずふん土」を苗箱の覆土に使っています。「みみずふん土」の利用は２０２４年現在ではＪＡ管内の有機農業では必須要件となっています。

ＪＡ東とくしまは、生産された有機米の主要な販路として、コープ自然派と連携しています。コープ自然派事業連合会は、コンセプトとして「食と農と環境は一体」と考え「国産オーガニックの推進」「遺伝子組み換え作物に反対」「食品添加物の削減」等に取り組んでいます。特にコメについては、提携する産直産地の全てで有機米生産の拡大を後押ししており、有機・無農薬栽培のコメの注文比率はコメの注文全体の約30％を占めています。

ＪＡ東とくしま管内には、以前からコープ自然派などの有機農業を推進する関係者との取り引きが多かったなかで、営農指導員がＢＬＯＦ理論による栽培技術を普及してきたことが有機農業の拡大を大きく後押ししてきました。また、有機堆肥や苗箱の覆土資材を手近に調達できたという環境にも恵まれています。しかし、ＢＬＯＦ理論による栽培技術は、有機農業でありながら収量が拡大するといったメリットがありますが、労力が追加で必要であり、その追加の労力に見合う十分な販売価格が確保できていないことが、生産の伸び悩みの原因となっています。この課題の解決策として、分散している農地をまとめ、有機米生産に取り組もうとする新規就農者に託すことを検討しています。また、販売については、生協との交流事業を通じて生産者と組合員との相互理解を深めることで、双方の納得できる価格形成に取り組もうとしています。

5　JAによる有機農業への取り組みを拡大するために

紹介したJAの事例から、有機農業を地域単位で定着・拡大させるために必要な共通のポイントが見えてきます。人材の確保、技術支援、販路の確保、関係機関の連携という項目について提示したいと思います。

まずは、人材の確保と技術支援です。農林水産省が行った意向調査（農林水産省2022）によれば、有機農業の課題として「人手が足りない」「栽培管理に手間がかかる」という労力の問題を挙げた回答者がそれぞれ約5割います。特に除草に費やす労力の多さがネックとなっています。有機農業を拡大するために、慣行栽培から有機農業への転換も期待されますが、現状は特別栽培（農薬、化学肥料を50%以上削減）には取り組んでいても、そこから農薬・化学肥料を用いない有機農業へ転換することは農法の抜本的な転換を意味し、難しいのが現状です。農業者の減少と高齢化の中で、むしろ労力を要する有機農業から慣行栽培への転換を余儀なくされているケースも多く見られます。その中で有機農業に取り組む人材を確保するには、有機農業独自の技術の取得と労力の削減といった技術面の改善を人材確保とセットで進めなくてはなりません。これまで個々の農業者・地域での技術開発に依存し、国単位ではあまり積極的に行われてこなかった有機農業に関する技術開発・技術の普及を進める必要があります。

紹介した3つのJAでは、いずれも新規就農者の育成に取り組んだり、取り組もうとしたりしています。農外から新たに農業に取り組みたいと参入する若者は有機農業への関心が高く、そのような農業者の2～3割は有機農業に取り組んでいるとの統計もあります（農林水産省2022）。有機農業に取り組む農業者の平均年齢は慣行栽培のそれよりも若く、2010年世界農林業センサスをもとに農林水産省が行った推計では、有機農業者の平均年齢は59歳程度で、農業者全体よりも約7歳若くなっています（農林水産省生産局農業環境対策課2013）。有機農業に取り組みたいと考える若者を積極的に受け入れて育てる体制づくりが欠かせないといえるでしょう。

そして、有機農業を拡大する上で大きいのは、販路の確保です。紹介した3事例とも、生協との取り引きが大きな位置を占めています。JAが販売に取り組む場合は、有機農産物といえども、ある程度の生産者数・ロットがある必要があり、有機農産物の需要自体も散在する中、消費者側として比較的そのようなニーズの多い生協との連携は有望な販路といえるでしょう。生協との提携は生産者にとっては価格の確保や契約栽培を通じた安定した経営を行えるメリットがありますし、生協にとっては生物多様性保全、食の安心・安全という組合員のニーズに対応できることになります。

そして、人材の育成、技術支援、販路開拓といった多様な取り組みを行うに当たっては、関係機関の連携は欠かせません。ＪＡと生協、地方自治体、農業改良普及センターなどが連携し、役割分担をしつつ有機農業の拡大に取り組む必要があります。

ＪＡが有機農業を推進し、有機農産物を自ら販売している事例はまだ限られていますが、食料の国内需要が縮小に向かう中、有機農産物の需要は日本でも拡大しており、数少ない有望なマーケットです。ＩＴの発達などにより、小ロット多品目であっても特徴のある産品の販売は以前よりも容易になっています。肥料などの資材価格が高騰しているなかで、化学肥料を減らし有機肥料の利用を考える農業者も増えています。

ＪＡが有機農業に取り組み、有機農産物の産地を育てていくためには、技術革新と並行で行われる生産者の育成、生協との連携を含む新たな販路の開拓などの取り組みをセットで行うことが必要ですし、そのための職員の教育・人材育成も必要になります。課題は多いですが、政府の「みどりの食料システム戦略」という後押しもある中、ＪＡが有機農業に目を向けることは国内農業・産地の生き残りのための選択肢の１つといえるのではないでしょうか。

注

1　和泉真理（２０２２）をもとに再構成しました。
2　本節は２０２３年12月25日に筆者が行った聞き取り調査をもとにしています。
3　本節は２０２３年11月30日に筆者が行った聞き取り調査をもとにしています。

参考文献

・和泉真理（２０２２）「ＪＡが育てる有機農業と有機農業者―ＪＡやさと（茨城県）の取り組み―」『月刊ＪＡ』２０２２年7月号。
・株式会社ジャパンバイオファーム（２０２１）「ＢＬＯＦ理論について」（https://japanbiofarm.com/blof/about-blof.html）（２０２４年1月5日閲覧）。
・農林水産省（２０２４）「有機農業をめぐる事情」（https://www.maff.go.jp/j/seisan/kankyo/yuuki/attach/pdf/index-52.pdf）（２０２４年1月5日閲覧）。
・農林水産省（２０２２）「令和3年度　食料・農林水産業・農山漁村に関する意識・意向調査　有機農業等の取組に関する意識・意向調査結果」。
・農林水産省（２０２１）「みどりの食料システム戦略」。
・農林水産省生産局農業環境対策課（２０１３）「有機農業の推進に関する現状と課題」。

第8章　北海道酪農のアグロエコロジーへの挑戦

1　はじめに

北海道酪農は、戦後、投資を積み重ねて規模拡大を行う路線を基本的に追求してきました。しかし、近年、単なる規模拡大ではない「オルタナティブ」な経営を選択する酪農家も増えてきています。本章で紹介するこれらの酪農家は、規模の小さい家族経営であっても持続可能な経営を行えること、北海道酪農の多様性に基づいて持続可能性を高めることが可能であることを証明しています。まさにアグロエコロジーの実践といえるでしょう。

本章では、上川総合振興局・中川町における放牧酪農を志向する新規参入者への就農支援システムと、十勝総合振興局・清水町におけるアニマルウェルフェアをベースとした6次産業化を行う酪農家を紹介し、北海道酪農におけるアグロエコロジー的実践の現状と意義を検討します（図8－1）[*1]。

2　放牧酪農を志向する新規参入者への就農支援―上川地域・中川町―

(1) 中川町における地域農業の状況

中川町は道北の上川地域の最北端に位置する自治体で、旭川市から車で2時間半程度の距離です。人口およそ1300人(2024年4月現在)の小さな町で、酪農、そば・豆類・かぼちゃなどの畑作、林業が主要産業です。北海道内でも寒さが厳しく、積雪量も多い地域です。

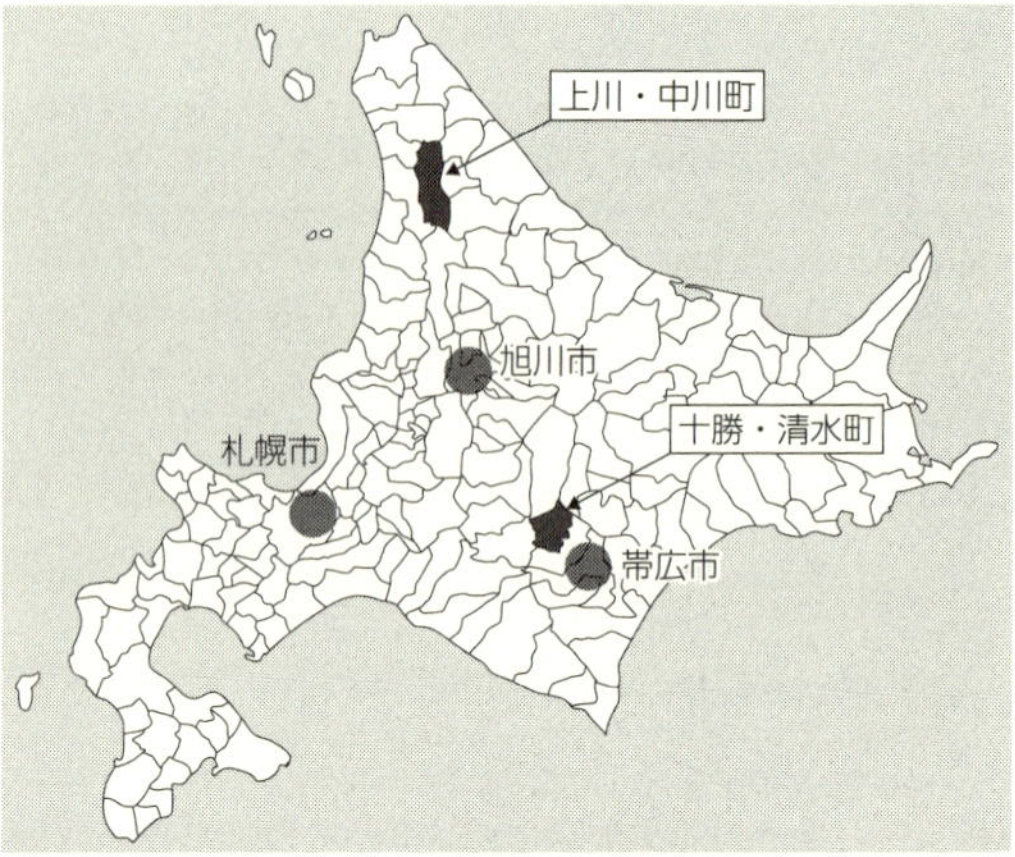

図8－1　事例自治体の位置

出所：著者作成。

中川町の酪農家戸数は2000年の52戸から2020年の19戸へと半数以下まで減少し、1戸当たり乳牛飼養頭数は約72頭で、北海道平均(約146頭)、上川地域平均(約117頭)と比べても小さな規模です(2020年現在)(農林水産省「農林業センサス」)。乳牛飼養頭数も生乳生産量も減少傾向にありましたが、後述のメガファーム設立により2023年度から増加に転じました。一方で、牧草地は豊富にあります。乳牛1頭当たり牧草専用地面積は約1haもあり、北海道平均の倍です。牧草地の多いことが、後ほどみるように放牧酪農を行いたい若者をひきつける要因になっています。

全て家族経営で構成されていた中川町酪農ですが、２０２２年に経産牛５００頭規模のメガファーム（大規模な企業的牧場）が設立され、新たな展開がみられます。

（２）自治体による新規参入の促進

中川町は、１９８９年に新規就農者誘致特別措置条例を制定し、自治体として新規参入支援制度を開始しました。その理由は、後継者のいる農家が少なくなる一方、離農予定農家が増え、このままだと地域農業が維持できなくなる恐れが高まったためです。道内外から幅広く新規参入者を中川町に呼び込む必要がありました。

具体的な支援対象は、町内の酪農家で2年間の実習を行う新規就農予定者と、就農後の新規就農者であり、営農技術習得費として実習期間中に月額25万円が町から支給されます。加えて、農地・施設機械・乳牛の取得に必要な賃借料や借入金の補填（前者2分の1以内、後者3分の1以内）、借入金の利息補填（7年以内で最大８０００万円）、就農後（3年以内）の固定資産税相当額の奨励金が町から交付されます。他の自治体と比べて、金額面で手厚い内容です。

新規参入支援制度には、年間でおおむね６００万円台から１０００万円台の自治体予算が当てられてきましたが、２０１９年度以降は新規参入者が増えたため２０００万円前後で推移しています。本制度は全て町独自の財源で運営されています。

新規参入支援は、中川町と株式会社中川町農業振興公社（以下、公社）、北はるか農協（周辺町村農協との広域合併農協）などから構成される中川町新規就農者誘致促進対策協議会（以下、協議会）が実施主体です。新規参入者募集の段階では、中川町、公社、北はるか農協、そして町内の酪農家がそれぞれ窓口となって新規参入者の勧誘、対応を行います。特に、近年では、すでに新規参入した放牧酪農を実践する酪農家を通じた勧誘が多くなっています。

次に、農業実習の段階では、協議会が適切な実習内容を検討し、離農予定の酪農家や他の酪農家で実習を受け入れ、新規就農予定者は搾乳・飼養管理・圃場作業などを学びます。同時に、財源を支出する町と実際に新規参入者を受け入れる農協・酪農家との橋渡し役として、公社が重要な役割を果たします。重要な点は2つあります。第1に、農協と公社が、離農者と新規参入者との間で経営継承時期や資産取得金額査定に関する調整を行うことです。実は、離農者から経営を引き継ぐ場合にトラブルになりやすいのが、継承する牛舎や機械、乳牛の査定金額です。離農者と新規参入者の当事者に金額交渉を任せてしまうと問題が起きやすく、新規就農自体ができなくなってしまうことがあります。そこで、間に入って公正に金額を査定する必要があります。第2に、農協が新規参入者にとって営農が容易になるよう農地を効率的に集約するための調整を行うことです。特に放牧酪農を行う場合は、牛舎の近くにまとまった面積の牧草地が必要です。しかし、牛舎の近くにまとまった面積の牧草地があることは当然ではなく、自分と他の酪農家の牧草地が飛び地のように混在している状態にあることもしばしばです。そこで、既存の酪農家同士の相談を通じて牧草地の売買・整理統合をして、まとまった面積の牧草地を確保する取り組みが行われています。農地は「家産」

ですから、他人と交換するのは簡単な話ではありません。しかし、なるべく多くの新規参入者に中川町を選んでもらうために、分散した牧草地の整理統合が行われているのです。

新規参入後には、農協による経営フォローや相談、酪農家団体の活動を通じて経営者としての技能向上など、継続的な関与を続けています。

（3） 新規参入者の意思を尊重する支援策

２０２３年現在で、新規参入支援制度を使って実習に入った23人のうち就農まで至ったのは16人（70％）、就農した16人のうち現在まで営農を継続しているのは８人（50％）と、同様の制度を行う他地域と比べて定着率は高いとはいえません。ただし、２００１年以降では、就農した10人のうち、7人が２０２３年現在も営農を継続しています。現在、営農している新規参入者は8戸で、中川町の全酪農家16戸（２０２４年3月時点）の半数が新規参入者で構成されています。なお、新規参入支援制度を使って初年度に就農した酪農家は子どもに経営譲渡した上で、北はるか農協の組合長に就任するなど、地域農業の一員として定着、活躍しています。また、別の新規参入者は２０２３年度農林水産祭で内閣総理大臣賞を受賞し、高い酪農技術が評価されています（**写真８－１**）。

中川町の新規参入支援がうまくいっている理由は、国の支援制度を使いつつ、新規参入者に豊富な金銭的支援を行ってきた点が基本ですが、それだけではありません。

特筆すべきは、新規参入者の意思を尊重した支援です。北海道の他地域では、もともとは放牧酪農

写真8－1　丸藤牧場の放牧風景（上川・中川町）

出所：丸藤牧場提供。

をしたかった新規参入者が、生乳生産量の増加を優先する農協から説得された結果、放牧を断念するという事例をしばしば見聞きします。中川町では次世代の担い手確保を最優先で考え、地域で主流の経営スタイルを新規参入者に強制しない方法を採用しました。そして、豊富な草地資源を生かした放牧を結果的に認めていく枠組みが作り上げられてきたのです。放牧を志向する新規参入者向けに牧草地を整理統合する取り組みが代表的です。その結果、「もっと北の国から楽農交流会」など放牧酪農家のネットワークを通じて町外から新規参入者を継続的に誘致できる状況が生まれています。「放牧酪農をしたいのであれば、中川町がいいよ」という具合にです。また、このような酪農家ネットワーク組織が新規参入者を呼び集め、新規参入者と新規参入者を呼び込みたい自治体とをマッチングさせる効果ももっと注目されてよいでしょう。

中川町の事例は、新規参入支援制度をその地域の将来的な農業像と無関係に考えることはできないことを示しています。中川町における乳牛増頭や生乳生産量を必ずしも重視せず、放牧酪農にも寛容な対応は、中川町が酪農専業地帯では必ずしもなく、北はるか農協の事業も酪農一本ではないことに由来するのかもしれません。しかし、現在の酪農をそのまま再生産できれば、地域農業を持続できるという保証がないのも確かです。酪農の多様性の確保が地域の持続性を担保する条件の一つなのではないかと考えられます。

その点で、新規参入者やその予定者、そして関係機関の担当者が、酪農をあくまでも手段として位置付け、家族の生活を維持し、有意義な人生をいかに実現するかといった考え方を繰り返し表明していたのが印象的でした。酪農家の「働き方改革」の必要性が指摘されて久しいですが、規模拡大を繰り返し、年中ひたすら働き続けるスタイルではない酪農の選択肢は、次世代の若者を酪農へいざなう上でこれから重要性を増していくでしょう。

3　アニマルウェルフェアをベースとした6次産業化—十勝地域・清水町—

(1)　清水町における地域農業の状況

アニマルウェルフェア(以下、AW)は、現在とこれからの畜産業を語る上で重要な概念になりました。AWは出生から死に至る動物の状態を意味し、「5つの自由」、すなわち空腹と渇きからの自由、不快からの自由、痛み・損傷・疾病からの自由、恐怖と苦悩からの自由、正常行動発現の自由を基本的な観点としています。[*2]

従来の経営スタイルを大転換してＡＷに配慮した経営を確立し、それに基づく6次産業化を実現した酪農家が、北海道・十勝地域の清水町にいます。村上牧場と、牛乳・乳製品加工販売事業を行う有限会社あすなろファーミングです。

清水町は、十勝地域の西端に位置する自治体で人口は約９０００人です。十勝の中心都市である帯広市から車で約1時間の場所です。日高山脈の麓に広大な農地が広がり、畑作と酪農が主要産業です。畑作物ではてんさい、じゃがいも、小麦の生産が多く、畜産業は酪農のほかに肉牛、豚、採卵鶏も盛んです。２０２２年現在の乳牛飼養頭数は約2万８０００頭、生乳生産量は14万トン強で、酪農大国と呼ばれる十勝地域でも最大の生産量を誇っています。

(2) 「牛は牛らしく、人は人らしく」の酪農経営

村上牧場は、当初からＡＷに配慮した経営を行っていたのではなく、むしろ真逆の経営スタイルでした。村上牧場3代目経営者の村上勇治さんは１９８０年代半ばまで、穀物を多く給与する高泌乳型経営を追求し、当時としては非常に高い牛群平均で1頭当たり平均1万kgを達成していました。しかし、酪農研究者との交流やヨーロッパの酪農視察を経て、大きく経営方針を転換しました。「乳牛に負担をかけて経済効率性だけを追求する酪農には限界がある」「農協に生乳を出荷するだけではなく自らも牛乳・乳製品を加工して消費者に販売したい」という思いでした。

勇治さんは1980年代末から牧草地を化学肥料・農薬不使用へと徐々に転換し、5年後には全面積の切り替えを完了しました。同時に1頭当たり乳量を減らして飼養頭数は増やし、次男の村上博昭さんが後継者として就農した1997年からは本格的な放牧を開始しています。2007年には博昭さんが4代目として牧場経営を継承しました。

2024年現在、乳牛飼養頭数は合計75頭、うち経産牛44頭、初妊牛9頭、育成牛・子牛22頭です。飼養頭数規模は北海道平均の半分程度で、小さな経営です。経営面積は70ha、うち採草地60ha、放牧地10haで、乳牛飼養頭数から考えると国内の基準では広大な牧草地を有していることになります。これは、牧草を有機栽培（有機JAS・有機飼料を取得）しているので、慣行栽培と比べて牧草収穫量が半分程度であることも関係しています。平均産次数（乳牛の平均出産回数）は3・6産です。北海道平均では3以下なので、長命連産の乳牛が多いです。年間平均乳量は搾乳牛1頭当たり6400kg程度です。牧草主体の飼料構成であるため、十勝地域平均と比べて乳量は3割程度少なくなっています。乳牛の負担を軽減するため、意識的に産乳量を抑制しているためもあります。乳成分は乳脂肪、乳タンパク、無脂乳固形分で平均的な値ですが、体細胞数は4万を切っていて、極めて少ない数値です（十勝平均値は約20万）。体細胞数は乳牛が病気になりストレスが多いほど増えますので、村上牧場の乳牛の健康状態は非常に良好であることを示しています。また、一般的に、体細胞数が少ないほど牛乳の風味が良くなるといわれることが多いです。

博昭さんは「牛は牛らしく、人は人らしく」という経営理念を掲げています。これは、牛も人も健康が最も大切であることを意味しています。ＡＷ配慮を重視して、アニマルウェルフェア認証協会の認証を取得しました。これによって乳牛と牧場の状態が改善され、人の考え方にも変化がみられるといいます。つまり、牛が変わると人も変わるのです。具体的には、牛が健康になると人は余計な仕事をしなくても済むようになり、そして計画的に働くことができ、余裕も生まれます。２０２４年からは博昭さんの息子も牧場で働くようになり、夫婦と合わせて３人体制になりました。これまではできなかった週１回の休日も確保するようにして、牛も人も余裕のある経営を目指しています。

（3） アニマルウェルフェアと6次産業化

あすなろファーミングは、牛乳・乳製品の加工販売を目的として１９９１年に勇治さんが設立しました。２０２４年現在、勇治さんの四男である村上悦啓さんが社長を務めています。工場と事務所は村上牧場の近くに立地しています。あすなろファーミングを代表する製品が、設立当初から販売されている「あすなろ牛乳」です。２０２４年6月現在、製品名称は「あすなろ放牧酪農牛乳」にリニューアルされています（**写真8－2**）。殺菌温度と時間は63度30分間の低温殺菌牛乳で、同時に脂肪球均質化処理のなされていないノンホモジナイズ牛乳でもあります。同社の理念である「自然そのままの環境」を反映した製品です。現在の販売先は十勝管内のホテル、道内スーパー、新千歳空港などがメインで、全道対象の生協宅配、有機農産物専門の宅配とも契約しています。

ＡＷ配慮の酪農の特徴を生かした製品差別化の取り組みを2点、紹介します。

第1に、土づくりの重視です。現経営者の博昭さんは、欧州の高品質な生乳は石灰岩に由来する土壌中のミネラル分の豊富さにあると考え、牧草地の肥培管理を重要視しています。沖縄からサンゴ粉末を取り寄せて牧草地に散布して土壌のミネラル分の維持・向上に努めています。土づくりに基づく牧草主体の飼料給与と、ストレスをかけない飼養管理が相まって高品質の生乳生産を可能とし、乳質が製品品質に直結する低温殺菌・ノンホモ牛乳を実現しています。

第2に、製品品質と飼養方法との相互作用的改善です。ノンホモ牛乳の特性上、消費者の喫食時、牛乳の表面にクリームが分離しやすくなります。「あすなろ牛乳」の販売開始当初は腐敗と勘違いしたクレームが毎日のようにあったそうですが、ノンホモ牛乳の特性を粘り強く説明するとともに、飼養方法の改善に取り組みました。試行錯誤の末、牛へのストレスを軽減し、デントコーン（飼料用とうもろこし）を給与しなければ生乳中の脂肪球が大きくなりづらく、クリーム分離が生じづらいことを発見しました。現在では製造後3日以内であれば分離は起こりづらいとのことです。つまり、放牧酪農

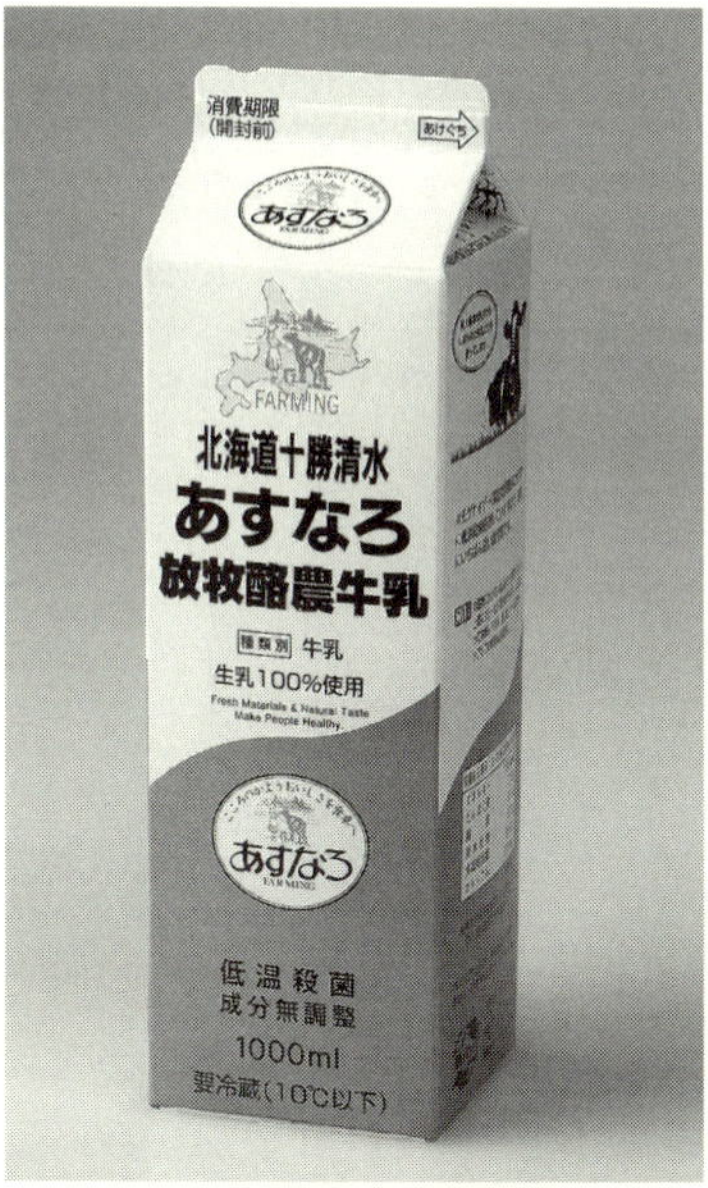

写真８－２　あすなろ放牧酪農牛乳
（十勝・清水町）

出所：有限会社あすなろファーミング提供。

への切り替えの妥当性が最終製品の品質面からも裏付けられたことになり、人間と家畜との共生を核とするＡＷの本質が垣間見えるエピソードといえるでしょう。

あすなろファーミングはコロナ禍の売上高減少を受け、首都圏や関西でも製品の販売を行い始めています。２０１８年にはアニマルウェルフェア畜産協会農場・事業所認証、２０２１年にはＪＧＡＰ認証、そしてＪＡＳ有機認証（有機飼料）といった認証規格を相次いで取得しています。これらの認証規格を生かしながら、同社事業の高付加価値化を進めていく計画です。

4　おわりに

これまで北海道農村は、離農者の農地を残った農家が引き受けて経営規模を拡大し、農家の数が減る方向で進んできました。しかし、このままではコミュニティの維持自体が困難になってきています。コミュニティ存続のためには、家族内での経営継承に加えて、非農家出身の新規参入者や、あるいは非農家としての移住者の受け入れが必須です。この場合、地域に存在する酪農家やコミュニティ構成員の属性は、必然的に多様化せざるを得ません。そして、農村コミュニティに多様な動機で加わろうとする多様な人びとを受け入れるコミュニティの寛容さが何よりも重要です。同質的な農家で構成されていた農村社会は、大きな転換点を迎えています。

そもそも、酪農は多様なものです。経営規模や飼養方法、農地利用など様々なアプローチが可能で、何か特定の解があるわけではありません。経営者の理念・哲学や周囲の自然・市場環境に応じて、多様な経営形態を選択できます。

多くの人びとを農村コミュニティに迎え入れようとするならば、多様な酪農がその地域に存在していることが重要です。他産業と同様に給料制や定休制で労働者として安定して働き、そして合理的な企業経営を追求したいのであれば、メガファームなどの大規模法人経営があります。一方、企業組織の一員として働くことに疑問を感じ、自分の意思決定と労働に基づく一貫した経営を行いたい人は、家族経営を選択するでしょう。また、労働ではなく家族との生活を重視したい、あるいは酪農を通じて社会の持続可能性の改善に寄与したい人にとっては、放牧や有機畜産、アニマルウェルフェア、6次産業化（牛乳・乳製品の自家加工・販売）といった「オルタナティブ」経営が選択されます。

加えて、農業を主業としないものの農業と関わりを有する人びとの存在も、コミュニティにとっては重要です。具体的には、他産業に従事する農業経営者の家族や移住者です。農村空間を生活の場として充実させるには、彼ら・彼女らの貢献が求められます。そして、農業生産も、農業専業者だけではなく、こうした人びとの労働も含めたコミュニティ構成員の幅広い関与のもとで維持していくことになるでしょう。

注

1 それぞれの事例の詳細は、清水池（2020）、ならびに清水池（2018）を参照ください。本章で用いたデータは、2019年7月に中川町産業振興課と株式会社中川町農業振興公社、北はるか農協、2017年8月に村上牧場と有限会社あすなろファーミングに実施したインタビューで収集しました。なお、2024年6月に中川町農林課（2019年時点から担当部署名変更）、同年5月にあすなろうファーミングへ補足調査を実施しました。

2 AWの概念やその置かれた社会的状況の課題は、清水池（2022）を参照ください。AWの「5つの自由」は、新村編（2022）19頁を参照しています。

参考文献

・清水池義治（2022）「家畜のアニマルウェルフェアと食の未来―新自由主義的展開への懸念―」『環境思想・教育研究』15：8-17頁。

・清水池義治（2020）「家族経営をベースとした新規参入支援制度の枠組みと展開―北海道北部・中川町の酪農新規参入を事例として―」『畜産の情報』365：6-19頁。

・清水池義治（2018）「アニマルウェルフェア的手法の導入による酪農経営の革新―北海道清水町の村上牧場と(有)あすなろファーミングを事例として―」『畜産の情報』340：27-38頁。

・新村毅編（2022）『動物福祉学』昭和堂。

第9章　中山間地域における有機農業の広がりと農業後継者育成の可能性
―岐阜県白川町ゆうきハートネットの事例―

1　白川町というところ

岐阜県白川町は岐阜県中南部に位置する、山際に近い平地の周辺部から山間地に至る、まとまった平らな農地が少ない地域です。東から西に向かって4本の川が飛騨川に注ぎ、流域に集落が点在している自然豊かな山村地域です。

2024年5月1日現在の人口は7047人です。2019年5月の人口は8181人でしたから5年の間に1134人減り、現在も人口減少には歯止めがかかっていません。高齢化率は岐阜県内で最も高く46・8％（2020年国勢調査）、100歳以上の割合も0・22％で県内一、2014年の日本創成会議の報告書では岐阜県の市町村の中で最も消滅可能性が高いとされました。[＊1]町の面積の88％が山林です。かつては林業が盛んで、質の高い木材、東濃《とうのう》ひのきの産地として有

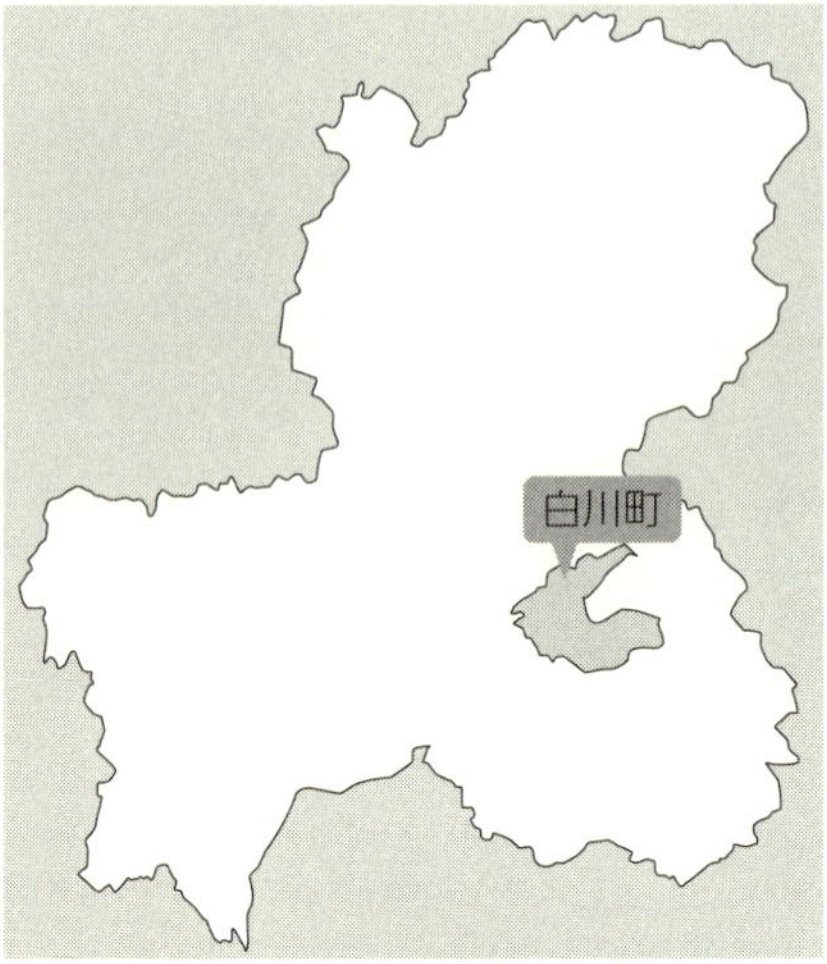

図９－１　岐阜県加茂郡白川町

出所：白川町ウェブサイトより。

名でした。経済のグローバル化が進んで安い木材の輸入が増え、質も価格も高い東濃ひのきの需要は低迷しています。

東濃ひのき同様、地域の中心的な作物に位置づけられていた美濃白川茶も、緑茶の消費が減るに連れて需要が低迷し、耕作放棄された茶畑も増えています。

有機農業で新規就農した人たちは東濃ひのきや美濃白川茶を地域資源ととらえ、林業や加工に積極的に取り組んでさまざまに活用しています。

２　有機農業の広がり

人口面だけみると、かなり厳しい未来が待ち受けているように感じる白川町ですが、その一方で、有機農業を軸にした様々な動きが注目され、移住者も増えています。移住者が地域に根付いて有機農業に取り組めるように支えてきたのが、１９９９年に地元農家らが立ち上げたＮＰＯ法人ゆうきハートネット（以下、ハートネット）です。

白川町での有機農業の広がりは4つの段階を踏んでいるので、順を追って紹介したいと思います。

(1) 第1期 有機農業の芽生えからハートネット結成まで

1986年に移住して、白川町で最初に有機農業に取り組んだのがGOEN農場の服部晃さんと圭子さんです。1989年、服部晃さんの呼びかけで、福岡県で農業改良普及員をしながら減農薬稲作を普及していた宇根豊さんを招いて開いた講演会に、減農薬の米づくりに興味を持つ白川町の農家数人が参加しました。

この年、名古屋市では有機の農産物宅配を行うくらしを耕す会が立ち上がり、有機米生産者を探し求めていた同会代表もこの講演会に参加しました。減農薬米を栽培しようとしていた農家と、消費者に直接つながっている販売者が出会ったことから、交流がはじまります。買ってくれる消費者の顔がみえ、そしてくらしを耕す会から示された米の価格が農業協同組合(JA)の米買取価格の2倍にあたる額だったことで農家の生産意欲は高まります。栽培した減農薬米は、名古屋の2つの有機宅配組織を通して消費者への直接販売が広がり、その後有機米も加わりながら現在も続いています。

(2) 第2期 ゆうきハートネット結成から確立まで

1999年、減農薬から有機へ進めようと10人のメンバーが集まってハートネットを結成します。

原動力になったのは、立ち上げを呼びかけ、代表を務めた中島克己さんでした。ハートネットの事務局長を長く務めた西尾勝治さんは、「立ち上げのときに克己さんがいなければ、ハートネットはできなかったでしょうね。『何があっても有機農業』と主張していた克己さんの芯の強さがあったからこそです」と断言しています。

2004年にはハートネットメンバーの誰もが取り組んでいる米の有機栽培についての勉強会を本格的に開始します。服部晃さんが、有機の米作りの研究と実証に力を注いでいた民間稲作研究所が行う研修会に参加して学んできたことをメンバーに伝えることで、少しずつ有機の米づくりの基本となる技術を身につけていきました。

種もみの選別から苗づくりに到達する過程は、みんなで一緒に作業しながら学びました。種もみを塩水に漬けて良好な種子を選別し（塩水選《えんすいせん》）、カビや細菌による病気を防ぐため60度の湯に10分間漬け（温湯消毒《おんとう》）、民間稲作研究所の種まき用の土（育苗培土《いくびょう》）を使った種まきまでをみんなで行い、持ち帰って各々が管理して田植えに備えます。共同での作業は今も行われていて、新規就農する人たちにとって欠かせない学びの場となっています。

2006年頃には有機米の栽培技術が向上し、比較的安定した生産ができるようになり、有機稲作への自信も深まっていきました。

白川町役場とハートネットが協力して実施した2015年の調査によると、町内の全ての水稲耕作面積237haのうち有機栽培面積は15・5haで、6・5%に達していました。当時国内における有機の面積が0・5％（2015年）程度とされていましたから、白川町の現状はかなり健闘しているといえる状態にあります。

有機稲作に加え、野菜の有機栽培も少しずつはじまっていましたが、この時期までは家庭菜園レベルでした。本格的な野菜の有機栽培の技術は2010年に移住就農した和ごころ農園の伊藤和徳さんが、自らの研修地、八ヶ岳で学んだ技術を移住してきた新規就農者に伝えたのが出発点となっています。

（3） 第3期 新規就農者の受け入れ

① ハートネットと朝市村

2004年10月、名古屋の栄で、「オアシス21オーガニックファーマーズ朝市村」（2007年まで「えこファーマーズ朝市村」、以下、朝市村）が立ち上がります。有機栽培した野菜や米を中心に据えたファーマーズマーケットです。

名古屋市が半官半民ではじめた都市公園オアシス21に、名古屋市の環境部門からオアシス21の運営会社に出向した職員が、「名物」と「土曜の朝のにぎわい」をつくるように、という当時の市長から与えられた課題に応えるために思いついたのが「有機野菜の朝市」です。

はじまった頃は「有機」「オーガニック」という言葉を知る人は少ない時代でした。出店者集めや集客に苦労していた開始2年目に、西尾さんがハートネットの名前で出店するようになります。メイン品目は現在も人気の、清流の水で育てた有機の米、独自品種「福鉄砲」という名の大豆、風味の良い原木椎茸の3品目です。その後、既存の有機農家に加え、新規就農者も出店するようになり、白川町からは2024年現在8軒の農家が自分の畑の都合に合わせて出店しています。

朝市村では有機農業での就農相談が増えてきたため、2009年10月、朝市村に「有機就農相談コーナー」を開設、2012年の青年就農給付金（現在の農業次世代人材投資資金準備型）制度開始後は、愛知県の研修機関として研修を希望する方をその方の希望に合わせた研修受け入れ先につないでいます。

朝市村を通して白川町に移住した人は、これまでに8組います。

最初に移住した塩月洋生《ようせい》さんと祥子さんは農家になることを目指して移住したわけではなく、ストローベイルハウスの材料となるわらの入手が目的でした。牛の餌にするわらをブロック状に圧縮したものがストローベイルです。ストローベイルを壁にして仕上げに土壁を塗った家は、静かで空気がきれいで、湿度は壁が調整してくれるという暮らしやすい家になります。

自分たちが暮らすストローベイルハウスをいずれつくるために、無農薬で米をつくり、そのわらをストローベイルにして蓄えておこうと考えて、2006年に朝市村にやって来ました。その日は西尾さんが出店していたのでつないだところ、2人はすぐに白川町に行き、「ここで米づくりをしよう」と即決。通い出して半年経たないうちに白川町への移住を決めます。2人目の子どもが生まれた直後の2007年春、名古屋の街中から白川町へ移住していきました。2014年には念願のストローベイルハウスづくりに着手、たくさんの人たちの手を借りながら家ができあがります。

2人は、「移住からストローベイルハウスができるまで、たくさんの人にお世話になったので、そのご恩を次に移住してくる人たちに返していきたい」と、自分たち以降に入ってくる移住者のお世話をするようになります。

祥子さんは自身の希望でもあったのですが、地域の人たちの推薦という応援も得て、2019年から移住・定住サポートセンターの集落支援員を務めています。移住者の支援が仕事としてできるようになって、祥子さんならではの持ち味を発揮しながら移住者の支援に尽力しています。

② 有機農業推進のための国の事業への取り組み

2006年12月に「有機農業推進法」が成立し、2008年には有機農業を推進するための多様性に富んだ事業がはじまります。

2008年末に東海農政局からハートネットに「地域有機農業施設整備事業を使って研修施設をつくらないか」という提案があり、メンバーもやる気になって前向きに取り組みます。白川町の支援も受けながら作成した計画は採択されましたが、様々な難関が待ち受けていました。最大の難関は、建設予定地が敷地の造成を必要とする場所だったのに、この事業では造成費用が認められていないことでした。一時は事業への申請を取り下げることも検討しましたが、それまで有機農業に協力的ではなかった白川町が造成費用を負担してくれて、2010年3月、最初の研修施設である「くわ

写真9-1　研修交流施設「黒川マルケ」

出所：筆者撮影。

山結びの家」が完成します。この時期に研修施設が完成していたことは、その後の新規就農希望者の受け入れに大きな力となりました。そして、2018年に国の地方創生関連交付金を活用して研修生を受け入れるだけでなく、地域の交流にも活用することを目的とした研修交流施設「黒川マルケ」が建てられました（**写真9-1**）。

ハートネットは、地域有機農業施設整備事業と同時に、有機農業推進モデルタウン事業も受託し、講演会や外部への視察を実施して、その後の有機農業推進に生かしました。

国の事業を受託するには責任を持って運営できる体制にする必要があると考え、2011年にハートネットをNPO法人化します。

2019年1月に当時の町長だった横家《よこや》敏昭さんに町内の有機農業の広がりについてうかが

ったところ、次のような応えが返ってきました。

「町内の有機農業は町が呼びかけたわけではなかったし、ハートネットから行政への補助金などへの要求もありませんでした。ハートネットの自主的な動きがあって、いまの状況が生まれました」

実際には国の補助事業に民間の力だけで取り組むことはできません。

「白川町役場の人たちが協議会にメンバーとして加わるだけでなく、事業への取り組みを運営面からていねいに支えてもらったから、今があると思っている」と西尾さんはとらえているそうです。

③　白川町の新規就農者

後に白川町に移住することになる人が、初めて朝市村に就農相談にやってきたときは、白川町の名前もどこにあるどんな場所かも知らないことがほとんどでした。

塩月さんたちが道筋をつけてくれたおかげで、朝市村が就農希望者を白川町に送り込んで後はハートネットが引き受けてくれる、という関係性ができていました。

当初のハートネットのメンバーは、近辺の空き家情報を集めていて、空き家が出ると移住希望者につなぐことをしてきました。その心がけが移住者の定着という結果につながった面はあるはずです。

以下では、白川町で就農した人たちの取り組みを紹介します。

写真9－2　和ごころ農園の白川薪火三年番茶

出所：伊藤和徳さん撮影。

和ごころ農園：伊藤和徳さん

2010年に「和ごころ農園」として移住就農した伊藤和徳さんは、就農から間もない時期に朝市村への出店をはじめました。当時は野菜セットと朝市村での販売を経営の中心としていましたが、やがて、様々な取り組みに着手します。数ある取り組みの中から、かつて白川町の農業を支えていた東濃ひのきと美濃白川茶を活かすための挑戦をご紹介します（**写真9－2**）。

伊藤さんはサウナの愛好家です。最初は黒川の流れの横にテントを張ってテントサウナを楽しんでいたのですが、森の整備で伐採した東濃ひのきの間伐材を使って、樽型のバレルサウナを作ろうと思い立ちました。間伐材を燃やすための薪ストーブも開発して、「里山のサウナ」として販売しています。

白川町の中心的な作物だった白川茶の畑は、

写真9－3　暮らすファームsunpoのシャワークライミング

出所：児嶋健さん提供。

耕作放棄されている畑が増えています。そうした茶畑を何とかしたいと伊藤さんが着手したのが「三年番茶」でした。茶の木を3年間刈らずに野性的に育てて枝ごと収穫し、裁断して葉と茎に分け、薪火でじっくり焙煎してつくります。取り組みをはじめた頃は遠方で焙煎してもらっていましたが、2023年に焙煎機を購入して自宅前に作業所をつくりました。パッケージはデザイナーでもある妻の純子さんが手がけています。

暮らすファームsunpo：児嶋健さん

2012年には「暮らすファームsunpo」の児嶋《こじま》健さんが、家族とともに移り住んで就農しました。以前から子どもたちの野外活動に積極的に取り組んできた経験があったことから、子どもたちと共に清流を歩き沢登りをするシャワークライミング（**写真9－3**）や、里山まるごとバーベキューにも取り組んできました。さらに、おとなも楽しめる場を提供したいと考え、2023年にクラフトビール醸造所「農LAND BEER」を始め、好評を得ています。風味づけに使うのは自ら栽培した米や緑茶で、今後は大麦も栽培する予定です。

田と山：椎名啓さん

2013年には椎名啓《けい》さんと紘子《ひろこ》さんが相談にやってきました。「家と田んぼがあるから、研修なしではじめてみては」という西尾さんの勧めに従っていきなり就農します。農園名は、「田んぼと山仕事がしたい」という気持ちを表した「田と山」です。林業や狩猟にも興味を持っていた啓さんは、地域の技術を持つ方たちから学びながら林業や狩猟にも挑戦していて、地域の人からも感謝されています。

あすなろ農業塾制度

ここまでに白川町に入った研修生たちは、研修に対する農林水産省の補助金を受け取る体制が整っていなかったため、補助金を受け取らずに研修を受けています。

2014年以降は、岐阜県の研修制度として白川町・東白川村・JAめぐみの2町村1JAが関わっている「あすなろ農業塾制度」を有機農業の研修でも適用できるようになりました。岐阜県内

写真９－４　五段農園の堆肥・育苗培土づくり

出所：高谷裕一郎さん撮影。

で有機農業を教えることができるのは、あすなろ農業塾長がいるのは白川町だけです。現在のあすなろ農業塾長は、服部さん、西尾さん、伊藤さん、高谷裕一郎さん、長谷川泰幸さんの５人となっています。

あすなろ農業塾制度では研修生が塾生となり、国から農業次世代人材投資資金（準備型）として年間１５０万円、岐阜県独自の取り組みで研修を受け入れるあすなろ農業塾長は年間60万円を受け取る仕組みになっています。

五段農園：高谷裕一郎さん

２０１５年には高谷裕一郎さんが研修に入り、黒川地区で「五段農園」として就農しました。高谷さんは大学・大学院時代は土壌微生物を学び、種苗会社に就職したのちに移住就農しています。野菜をつくるのが難しい冬期の仕事や農法に悩んでいるときに出会ったのが、長年コンポスト学校を運営し土づくりを教えてきた三重県津市の橋本力男さんでした。年間20回の講座に参加して学び、はじめたのが堆肥と苗を育てるための育苗培土づくりです。現在、高谷さんは堆肥の学校を運営しながら、堆肥や育苗培土、質の高い有機栽培苗を育てて販売することを中心に据えた仕事に取り組んでいます（写真9－4）。

千空《ちそら》農園：長谷川泰幸さん

２０１４年に家族と共に横浜市から移住就農した千空農園の長谷川さんは、４人の子どもが食べている町立小学校の給食に、自分が栽培した有機の米や野菜を使ってもらえたらと希望していましたが、なかなか機会に恵まれませんでした。

２０１８年、長谷川さんが町内のＰＴＡ会長の集まりである白川町ＰＴＡ連合会会長になり、２０１９年3月に給食センターの栄養教諭と白川町学校給食運営委員会の会議で同席して言葉を交わす機会があり、給食に有機の米や野菜を納入できないかと話しかけたことがきっかけになって、以前からできるだけ町内産の食材を使う方針で運営されていた白川町の学校給食への納入の道が開けていきます。

２０１９年4月に野菜の納入を開始しました。翌年3月には米の納入もはじまり、２０２１年10月には「有機米の日」が毎月行われるようになりました。

当初は長谷川さんの個人的な取り組みでしたが、持続する仕組みにしたいと考え、２０２１年10

月からハートネットのメンバーが米を持ち回りで納入しています。町内の農家が高齢化してきたことから、給食センター側も今後は若手有機農家が納入の中心になっていくのではと期待しています。

有機給食の成功例は行政首長の呼びかけによるトップダウンで進むことがほとんどですが、白川町は農家から呼びかけて成功した数少ないボトムアップで進んだ事例となっています。

（4） 第4期 未来を見据えた世代交代

ハートネットでは2019年から世代交代に着手しています。

2021年には理事長の佐伯薫さん以外の理事は移住就農したメンバーに交代し、彼らを中心に運営していく体制に移行しました。これまでのメンバーは必要に応じて側面からサポートする体制になっています。

3 今後に向けた課題

白川町内の有機農業は少しずつ拡大していますが、白川町で新規就農する移住者が有機農業に取り組む際の課題としてまず挙げられるのが、農地確保の難しさでしょう。

町内の有機農家が多い地域には、集落単位でまとまって農薬を使う慣行農業で農地（集落営農の基本は水田）の管理を行っている集落営農組合[*2]（以下、営農組合）があり、地域の農地の多くを営農組合が集めて管理してきたことから、有機で新規就農した農家が借りることができる農地が少ない状況にあります。何とか農地を確保できたとしても一か所にまとまらなくて分散していたり、日当たりや水はけが悪いというような条件の悪い農地だったり、家から遠かったり、というような可能性も高くなります。

高齢化ということでは、白川町の高齢化率は46・8％で、全国の高齢化率29％と比較しても非常に高く、営農組合でオペレーター[*3]を務めている人たちの高齢化も著しい状況にあります。

また、高齢化によって管理できなくなった農地や所有者不明の農地などを集めて、担い手などに貸し付ける農地中間管理機構という団体を通して営農組合へ貸し出して、営農組合が管理するという流れがあるために、営農組合が管理する農地が増えるという現象も起きています。

ハートネットの中心メンバーは30代から50代手前くらいの年代なので、10年後も間違いなく現役として働くことができます。また、オペレーターとしての仕事は、新規就農者にとっては貴重な現金収入にもなります。

こうした背景もあり、集落営農組合の農地を有機農業で管理できないかという話が出ています。

幸い、営農組合とハートネットの関係性は良く、これまで今後に向けた話し合いを行いながら、並行して有機稲作の勉強会にも取り組んできました。２０２４年度には共同で実証実験を行う予定です。営農組合との連携がハートネットにとっての次のステップとなることが期待されます。

注

1　2024年に発表された人口戦略会議の報告書ではランキングは発表されていませんが、消滅可能性自治体の指標とされている「若年女性人口減少率」は、白川町が県内一高くなっています。

2　集落を単位として、集落営農組織が農業生産を共同化・統一化している農業経営の形態です。

3　大型の機械を操縦して田んぼの一連の作業を引き受ける人を指します。

あとがき

２００８年の年末から２００９年の年始にかけて、東京の霞ヶ関、日比谷公園に開設された「年越し派遣村」には約５００名もの人が身を寄せ、ボランティアは１６００名を超えました。日本における貧困を可視化した出来事として覚えている方も多いでしょう。そこにボランティアとして参加した私にとって、忘れられないことがあります。派遣村へたくさんの食料を提供してくれた農民運動全国連合会（以下、農民連）の方の発言です。

「今回の支援は、決して同情からではない。自分たちは米価の下落に悩まされてきた。下落した米価に基づいて時給換算してみたら、２００円を切る額にしかならなかった。米作りへの誇りはズタズタだ。米価切り下げで直面している私たち農民の境遇と、派遣切りに遭っている人々の姿は重なる。決してひと事とは思えない。いてもたってもいられなくなって、全国の仲間から食材提供の輪が広がった。今の社会の流れを変えるための『連帯』の証として支援させてもらった」。

私がアグロエコロジーへの転換に向けた連携と協働について考えるとき、常に念頭にあるのはこの発言です。誰もが無関係ではいられない農と食という営みを通じて、都市における労働運動や反貧困運動といった社会運動、消費者運動が、農山村の地域社会や農民とネットワークを結びアグロエコロジーを実践していくこと、また、新規就農者も含む地域の営農者・酪農家、ＮＰＯや消費者および消費者団体、農業協同組合、学校給食や教育の関係者、児童・生徒をはじめ、住民全体による連携・協働を、有機給食などの公共調達によって自治体がしっかりと支えていく動き、こうしたアグロエコロジーへの転換に向けた国内外の構図を、本書は、いきいきと描き出すことができたのではないかと思います。そして、こうしたアグロエコロジーへの転換に向けた国内外の動きは、気候危機を乗り越えるという世界的な課題を解決するうえでの第一歩でもあるのです。

本書は、農民連会長の長谷川敏郎さん（第３章の執筆者）と著者が一緒に講義を行った、２０２３年11月の第66回市町村議員研修会（自治体問題研究所企画・自治体研究社主催）をきっかけとして、自治体研究社にお声がけいただき、出版企画化されたものです。その後、この分野の第一人者である関根佳恵先生に編者として加わっていただいたおかげで、充実した内容にできたのではないかと自負しています。

２０００年代後半から中小企業振興条例制定の運動が全国へと広がり、地域経済の主役である中小企業の存在意義と、それを支える自治体の役割が社会的に定着しつつあります。食と農の分野においては、木更津市の「オーガニックなまちづくり条例」など、条例制定の動きがみられます。中小企業振興条例制定の動きと同じくらい、もしくはそれ以上の広がりと力をもって、オーガニック給食をはじめとしたアグロエコロジーへの転換の取り組みが足もとの地域から、全国各地で展開されていくことを願っています。そして本書が、こうした取り組みを力強く後押しする役割を果たせるならば、執筆者一同にとって、望外の喜びです。

執筆者を代表して　関　耕平

2024年7月

執筆者（執筆分担順）

関根佳恵（せきね　かえ）　はしがき、第２章、用語解説、第５章
愛知学院大学経済学部　教授

関　耕平（せき　こうへい）　第１章、第６章、あとがき
島根大学法文部　教授

長谷川敏郎（はせがわ　としろう）　第３章
農民運動全国連合会（農民連）会長

清水池義治（しみずいけ　よしはる）　第４章、第８章
北海道大学大学院農学研究院　准教授

塚原宏城（つかはら　ひろき）　第６章コラム
一般社団法人まちやま　代表理事

和泉真理（いずみ　まり）　第７章
一般社団法人日本協同組合連携機構　客員研究員

吉野隆子（よしの　たかこ）　第９章
オーガニックファーマーズ名古屋　代表

編者紹介

関根佳恵（せきね　かえ）

1980年神奈川県生まれ。京都大学大学院経済学研究科博士課程修了。博士（経済学）。愛知学院大学経済学部教授。専門は農業経済学、農村社会学、農と食の政治経済学。

著書　『13歳からの食と農―家族農業が世界を変える―』（単著）（かもがわ出版、2020年）、『家族農業が世界を変える（全3巻）』(単著)（かもがわ出版、2021～22年、学校図書館出版賞受賞）、『ほんとうのサステナビリティってなに？―食と農のSDGs』（編著）（農文協、2023年）など。

関　耕平（せき　こうへい）

1978年秋田県生まれ。一橋大学大学院経済学研究科博士課程単位取得退学。博士（経済学）。島根大学法文部教授。専門は財政学・地方財政論。

著書　『地域から考える環境と経済―アクティブな環境経済学入門』（共著）（有斐閣、2019年）、『「公共私」・「広域」の連携と自治の課題』（分担執筆）（自治体研究社、2021年）、『地域の持続可能性を問う―山陰の暮らしを次世代につなぐために』（共著）（今井出版、2024年）など。

アグロエコロジーへの転換と自治体
―生態系と調和した持続可能な農と食の可能性―

2024年10月10日　初版第1刷発行

編著者　関根佳恵・関　耕平

発行者　長平　弘

発行所　㈱自治体研究社
〒162-8512 東京都新宿区矢来町123 矢来ビル4F
TEL：03·3235·5941／FAX：03·3235·5933
https://www.jichiken.jp/
E-Mail：info@jichiken.jp

ISBN978-4-88037-774-2 C0036

印刷・製本／モリモト印刷株式会社
DTP／赤塚　修